十二五
国家重点规划图书

# 新妈妈必读

中国健康教育中心　**组织编写**

敬新苗　**主编**

U0351437

中国医药科技出版社

# 内 容 提 要

　　本书以新生儿期、婴儿期、幼儿期为划分，详述各时期宝宝的生长发育特点、保健与营养、疾病预防和教育等诸多方面问题及应对措施，内容浅显易懂，是年轻父母和保育人员必备的参考书。

**图书在版编目（CIP）数据**

新妈妈必读/敬新苗主编 . —北京：中国医药科技出版社，2012.5
ISBN 978 - 7 - 5067 - 5416 - 3

Ⅰ.①新… 　Ⅱ.①敬… 　Ⅲ.①婴幼儿 - 哺育 - 基本知识 　Ⅳ.
①TS976.31

　　中国版本图书馆 CIP 数据核字（2012）第 038129 号

**美术编辑**　　陈君杞
**版式设计**　　郭小平

出版　　中国医药科技出版社
地址　　北京市海淀区文慧园北路甲 22 号
邮编　　100082
电话　　发行：010 - 62227427　　邮购：010 - 62236938
网址　　www. cmstp. com
规格　　958×650mm ¹⁄₁₆
印张　　9 ½
字数　　133 千字
版次　　2012 年 5 月第 1 版
印次　　2012 年 5 月第 1 次印刷
印刷　　大厂回族自治县德诚印务有限公司
经销　　全国各地新华书店
书号　　ISBN 978 - 7 - 5067 - 5416 - 3
**定价　19.80 元**

本社图书如存在印装质量问题请与本社联系调换

# 编　委　会

# 前　言

　　儿童是祖国的未来和希望，其保健工作也成为社会普遍关心的重要议题。儿童处于生产发育阶段，其生长过程也有一定的发展规律。这些发育变化是成人的基础，不少成人的躯体疾病、心理异常、性格行为等问题，都与小儿时期的身心健康有关。儿童的健康受到照护水平、营养摄入、疾病预后、外界环境等多种因素的影响，且其自理、自卫能力较弱，是最易受伤害的人群，所以需要父母及社会给予相当重视。

　　母亲经过十月怀胎，生下了健康的宝宝，能让宝宝健康快乐地成长便成为了每一对父母的共同心愿。新妈妈、新爸爸在迎来新生命、家庭新成员的兴奋中，往往对如何照养宝宝不知所措。针对婴幼儿期的宝宝身体生长发育迅速，自身免疫力低，同时智能开始发育等特点，本书从生长发育、膳食与营养、疾病预防和早期教育等方面，对婴幼儿期宝宝不同情况下面对的问题和应对措施进行了较为全面的介绍，内容浅显易懂，是年轻父母和保育人员必备的参考书。

# 目　录

# 第一章　生长发育

## 一、儿童年龄分期

### （一）儿童特征

儿童不是缩小了的成人，他们在生理、心理、行为等方面都有特点，而且处于生长发育阶段。年龄越小，其生长的速度越快，各器官和系统的发育也有年龄特点，比如神经系统发育较早而生殖系统发育较晚。

### （二）儿童年龄分期

#### 1. 胎儿期

从精子与卵子结合到胎儿出生统称为胎儿期，在母体子宫内经过约280天。此时期的特点是胎儿完全依靠母体生存。孕母的健康、营养、工作、环境、疾病等对胎儿的生长发育影响极大。当孕母受不利因素侵扰（如理化创伤、缺乏营养、感染、药物等）时，可使胎儿的生长发育发生障碍，而引起死胎、流产、早产、先天畸形、癫痫等不良后果。

#### 2. 新生儿期

·自出生后脐带结扎时起至生后足28天，称新生儿期。这时期的特点是小儿刚脱离母体，内外环境发生巨大变化，而新生儿的生理调节和适应能力不够成熟，容易发生各种疾病，需要特别的护理和照顾。

#### 3. 婴儿期

从出生28天至1周岁之前，又称乳儿期。这时期的特点是生长发育最为迅速，各系统和器官继续发育和完善，因此需要摄入的热量和营养素特别高，如果不能满足易引起营养缺乏。但此时消化功能还不够完善，与需求高摄入的要求相矛盾，容易发生消化与营养紊乱。由于婴儿的免疫功能还不成熟，抗病力差，婴儿容易生病，更需要保护和防病。

#### 4. 幼儿期

1周岁后至3周岁之前称为幼儿期。这时期的特点是生长发育速度较前减慢，智能发育较前突出，动作、语言、思维和应人应物的能力增强，自身免疫力仍低。所以，有计划地进行早教，培养孩子生活习惯和道德品质很重要。同时，营养问题和多发病的防治也不能忽视。

**5. 学龄前期**

3周岁后至6周岁为学龄前期，也称幼童期。这个时期的特点是体格发育较前进一步减慢，但稳步增长，而智能发育更趋完善。求知欲强，好奇，好问，喜模仿。防病能力有所增强，与外界环境接触日益增多，所以需要加强教育，特别是要预防意外事故的发生。

**6. 学龄期**

从6岁到青春期（女孩12岁，男孩13岁）开始之前，称学龄期。这个时期的特点是除生殖系统外，其他器官的发育已接近成人水平。脑的形态发育已基本与成人相同。智能发育更趋向完善，是增长知识、接受文化科学教育的重要时期，需要加强营养、体育锻炼和视力保护。

**7. 青春期**

女孩从十一二岁开始至十七八岁，男孩从十三四岁开始到十八至二十岁，称青春期。这时期的最大特点是生殖系统迅速发育，体格生长也明显加快，女孩出现月经，男孩有精子排出。到本时期结束时，人体各系统发育已成熟，体格生长也逐渐停止，但是，青少年的行为和心理方面还不够稳定。所以，加强道德品质教育和生理、心理知识，包括性知识教育是本时期的重点。另外，青春期高血压和肥胖可能成为成人后心血管疾病的潜在危险因素，需要做好防治工作。

## 二、儿童生长发育规律

儿童的生长发育是一个连续不断的过程，这是与成人不同的重要特点。生长系指儿童整体及各器官的长大，可测出其量的增加；发育是指机体构造与功能的成熟，为质的改变。儿童生长发育是不断进行的连续过程，但不同年龄阶段的生长发育速度并不平衡。一般体格的生长，年龄越小，增长越快。儿童身体各器官系统的发育，先后快慢也不同。例如，神经系统发育较早，先快后慢；生殖系统发育较晚，先慢后快；淋巴系统则先快而后退缩。通常情况下，儿童的生长发育为先头部后下体，先躯干后四肢。一步步由低级到高级，由简单到复杂，由粗到细逐渐发育。如婴儿期动作发育顺序是抬头、转头、挺胸、坐、立、走；先画直线，再学会画曲线、画人等。儿童生长发育也可因遗传、性别、环境、教育等因素的影响而出现相当大的个体差异。父母双亲身材的高大或矮小，对后代也有很大的影响。

影响儿童生长发育的主要遗传因素有父母的身高、体型、种族、性成熟的早晚等，以上因素均可造成儿童生长发育的差异。

## 三、影响生长发育的因素

儿童的生长发育很神奇，会按照一定的规律进行，不过，儿童的生长发育与很多因素有关，这些因素决定了孩子的生长发育情况。

**1. 遗传**

小儿生长发育的特征、潜力、趋向、限度等都受父母双方遗传因素的影响。种族和家族的遗传信息影响深远，如皮肤、头发的颜色、脸型特征、身材高矮、性成熟的早晚等；遗传性疾病与染色体畸变或代谢缺陷对生长发育都有明显的影响。

**2. 性别**

男孩、女孩的生长发育各有特点。比如女孩的青春期开始时间大约比男孩早2年，但其最终身高、体重则不如男孩，这是因为男孩青春期虽然开始较晚，但其延续的时间比女孩长，所以最终体格发育超过女孩；女孩的骨化中心出现较早，骨盆比较宽，骨骼比较轻，皮下脂肪较发达，而肌肉则不如男孩发达；又比如女孩的语言、运动发育略早于男孩等。

**3. 内分泌影响**

儿童生长发育主要由各种激素调控，其中以生长激素、甲状腺激素和性激素影响较大，缺乏生长激素可导致身材矮小；甲状腺素缺乏不仅造成矮小，还使脑发育障碍；性激素可促使骨骺愈合，影响身高。

**4. 营养**

合理的营养是儿童生长发育的物质基础。据儿童营养调查资料证实，营养丰富而且平衡的膳食能促进生长发育；相反，营养缺乏的膳食不仅会影响发育，而且会导致疾病。长期营养不良，则会影响骨骼的增长，致使身材矮小。宫内营养不良的胎儿不仅体格生长落后，严重时还会影响脑的发育。出生后营养不良，特别是出生后第1~2年的严重营养不良，可以影响体重、身长及智能的发育，使机体免疫、内分泌、神经调节等功能低下。

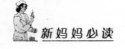

**5. 疾病**

疾病对生长发育的干扰作用十分明显，影响程度决定于病变涉及的部位、病程的长短和疾病的严重程度。急性感染常常使体重减轻，慢性病影响体重和身高的增长；内分泌疾病常常引起骨骼生长和神经系统发育的迟缓；先天性疾病如21－三体综合征、软骨发育不良等，更是影响体格和神经精神发育。

**6. 孕母情况**

胎儿在宫内的发育受孕母生活环境、营养、情绪、疾病等各种因素的影响。妊娠早期的病毒感染可以导致胎儿先天畸形；母亲患严重营养不良可能引起流产、早产的胎儿体格生长以及脑的发育迟缓；孕母受药物、X线照射、毒素污染和精神创伤等影响，都可以导致胎儿发育受阻。宫内发育阻止可以影响小儿出生后的生长发育。

**7. 生活环境**

良好的居住环境、卫生条件，如阳光充足、空气新鲜、水源清洁、无噪音、住房宽敞等能促进生长发育；相反，则会带来不良影响。家庭的温暖，父母的爱抚和良好的榜样作用，以及优良的学习环境和社会教育，对小儿的性格、品德的形成、情绪的稳定和精神智能发育都有着深远的影响。

**8. 良好的生活习惯及体格锻炼**

根据儿童的年龄特点，安排好日常生活，并结合生活护理，培养良好的卫生习惯，可以促进儿童的生长发育。体格锻炼能增强心肺功能，促进消化吸收，并有益于骨骼的生长。

**9. 其他因素**

如家庭人口、季节、污染等。

# 四、新生儿发育与生长

## （一）身体发育规律

新生儿体重的发育，不是孤立的，且与许多因素有关。新生儿出生后的1个月内，一般来说体重增加1千克是正常的。这与婴儿出生时的体重密切相关。出生体重越大，满月后体重相对越大；出生体重越小，满月后体重相对越小。新生儿体重，平均每天可增加30～40克，平均每周可增加200～300克。这种按正态分布计算出来的平均值，代表的是新生儿整体普遍情况，每个个体只要在正态数值范围内或接近这个范围，就都应算是正常的。体重指标是这样，其他指标也是这样，新爸爸妈妈们千万不要为这些微小的差异而着急。

### （二）身高发育规律

新生儿出生时的平均身高是 50 厘米，个体差异的平均值在 0.3 ~ 0.5 厘米之间，男、女新生儿平均有 0.5 厘米的差异。新生儿满月前后，身高增加 3 ~ 5 厘米为正常。新生儿出生时的身高与遗传关系不大，但进入婴幼儿期，身高增长的个体差异性就表现出来了。遗传、营养、环境、疾病、运动等因素都与身高有着密切的关系。实际上，现在的孩子由于生活、医疗、保健水平的提高，身高确实在不断提高，但个体差异性还是明显存在的。

### （三）头部发育规律

#### 1. 头围发育规律

新生儿头围的平均值是 34 厘米。头围的增长速度，在出生后头半年比较快，但总的变量还是比较小的，从新生儿到成人，头围相差也就是从十几厘米到 20 厘米。满月前后，宝宝的头围比刚出生时增长两三厘米。如果测量方法不对，数值不准确，误以为宝宝头围过大或过小，会给新手爸爸妈妈带来不小的麻烦。头围增长是否正常，反映着大脑发育是否正常。小头畸形、脑积水都会影响宝宝的智力发育。所以，尽管头围增长速度不快，变化不大，也要认真对待。新爸爸妈妈们遇到的宝宝头围问题，一般都是测量不准造成的。最好请有专业知识的医护人员进行测量。

#### 2. 前囟发育规律

新爸爸妈妈们都认为，宝宝的囟门是命门，不允许碰，碰了囟门就会使宝宝变哑。这一说法是没有科学根据的，新生儿前囟门的斜径平均是 2.5 厘米，也有个体差异。但宝宝前囟门如果小于 1 厘米或大于 3 厘米，就应引起重视。因为，前囟门过小常见于小头畸形，前囟门过大常见于脑积水、佝偻病、呆小病。家长把头围、囟门视为脑部发育的象征，非常重视，这固然是件好事，但面对体检数值，往往会因为一点点的差异引起焦急，是完全没有必要的。本来孩子并没有什么病，却因为一次测量结果而担心，为孩子做没有必要的检查和治疗，这就过度了。

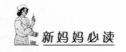

## 五、婴儿期体格发育特点

婴儿期是指从生后1个月至1周岁，是生命的第1年，也是宝宝出生后生长发育最迅速的阶段。又因为这个时期宝宝以乳类食品为主，所以又叫乳儿期。故这个时期的宝宝称婴儿或乳儿。

婴儿期体格发育的特点如下。

婴儿体格发育迅速，1岁的时候体重相当于出生时候的3倍；身长相当于出生时候的1倍半；头围增加12厘米；开始长出乳牙。

这个时期的宝宝以乳类食品为主，并且由乳类食物通过逐渐添加辅食而向一般食物过渡。因为婴儿的消化能力还比较弱，所以添加辅食应注意适时适量，以消化良好为度，否则容易引起腹泻或呕吐，造成营养不良，最终影响婴儿的生长发育。

婴儿期的宝宝从母体获得的具有抗病作用的免疫抗体逐渐消失，自身免疫还没有发育成熟，容易患传染病和感染性疾病，所以要按时进行预防接种，注意卫生习惯，避免带宝宝到人多的地方去。

随着小儿神经、肌肉、身体各部分的发育，活动范围越来越大，开始能坐、会爬，并开始学走路。这个时候要注意小儿的安全，不要长时间的坐、立等，以避免使肌肉、骨骼负重过度。

## 六、婴儿期体重增长规律

体重是代表体格发育，尤其是营养状况的重要指标。1岁以内体重增长规律，前半年每月增长大约700克，后半年平均每月增长250克。所以，4～5个月宝宝的体重是出生时候的2倍，1岁体重是出生时候的3倍。

正常足月宝宝出生的时候体重为3.1～3.3千克，男孩比女孩稍微重点。出生后由于喂养不足、尿便的排出等原因可使体重稍有下降（约200～250克），称生理性体重下降（俗称"塌水膘"）。一般生后3～4天体重开始回升，逐渐回升到出生体重，以后体重迅速增加，年龄越小增加越快，最初3个月生长最快，平均每天增长25～30克，每月增加1000克；第2～3个月平均每月增长600～700克；后半年每月约增加300克。第4～5个月时体重是出生时的2倍（6千克）；1周岁的时候大约为出生时候的3倍（9千克）。为了计算方便，周岁内宝宝体重可以按照下面的公式估算：

　　1～6个月体重（千克）＝出生时体重（千克）＋月龄×0.6千克

　　7～12个月体重（千克）＝出生时体重（千克）＋月龄×0.5千克

　　比如：宝宝出生时体重为3.5千克，4个月其体重大约为：3.5千克＋4×0.6千克＝5.9千克。9个月体重为3.5千克＋9×0.5千克＝8千克。

## 七、不同时期宝宝的生理特点

### （一）1个月龄的宝宝

顺应性反应。如果用手轻轻触摸他的小脸，他会将头转向你的手。

本能的反射动作反应。如果用一块布蒙在他的脸上，他会想办法拿掉它。

自动抓紧触及其手掌的任何东西。如果你用手去触摸他的手掌，他会不由自主地抓紧你的手。

尿布湿了会感到不舒服。

对于内耳传来的重力与移动的感觉有反应。如果你正在抱着他的时候，突然把他放低，他会感到惊慌。

试图抬头。这是引力刺激的原因。

感觉到摇篮很舒服。这是由于大脑与地心引力统和的作用。

能调整自己的身体，能用肌肉和关节来感觉怎么配合。

有强直性颈反射。如果头转向一边的时候，转过去那边的手臂趋向伸出或伸直，而另一手臂则趋向在肘部弯曲。

视觉模糊，不能分辨形状和颜色。但是，眼睛可以追踪移动的物体。这是由于眼睛周围的肌肉和颈部肌肉配合内耳的重力和移动的感觉。对声音有初步的反应但不能辨别声音的意思。

### （二）2～3个月龄的宝宝

大脑必须统合三种感觉：一是由内耳而来的重力与移动的感觉；二是由眼肌来的感觉；三是由头颈来的筋肉感觉。

锻炼控制头颈和眼睛，保持头和眼睛的稳定性。

利用内驱力练习抬头，开始用上臂肌肉和手臂肌肉，使他的胸部离开地面。

不能用大拇指和食指，而是用中指、无名指和小指以及手掌来握住

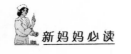

东西。

缺乏眼手协调。

无法自动松开抓住玩具的手。

手多半是打开的。

能将身体的感觉和所看到的东西加以统合。

不能将触觉与手上的肌肉和关节加以统和。

### （三）4~6个月龄的宝宝

可以做较大的动作，比如在桌子上敲打汤匙。

能感受到自然界给带来的兴奋心情（大人抱着去外边感到很高兴）。

可以知道自己的手在空间的位置。

将手伸向他所看到的东西，来练习触觉、肌肉、关节以及视觉的统和。

开始用大拇指和食指。

将两只手放到前面并加以接触，这是身体双侧协调的开始。

6个月的时候腰、手可以转动；能单独坐一会儿，而且不会失去平衡；如果坐不稳或者不肯尝试去坐，则证明有肌肉、重力、移动以及视觉统合有问题。

身体能做出飞机的姿势。如果大一点的宝宝不能做出这种姿势，就有重力和移动感觉统合的问题。

喜欢被摇，在空中荡来荡去，这是锻炼重力和移动的统合。如果动得太厉害就会扰乱神经系统，引起哭闹。

### （四）7~9个月龄的宝宝

可以从某处移动到另一处。

用手和膝盖爬行，带动许多的感觉进行统合协调。

由头颈直立反射动作帮助其由仰卧翻转成俯卧。

有了空间的感觉，可以帮助宝宝判断距离以及物体的大小。

可以用大拇指和食指以剪刀或钳形的姿势拿小东西或拉一根线，可以用食指伸进洞里。

逐步控制并完善眼肌，眨眼的动作比较灵活。

开始计划手的动作，能把简单的东西放在一起或分开。

听力已经很好，能够听懂细节，能听出熟悉的字，也知道某些声音代表什么，可以重复简单的字。

### （五）10~12个月龄的宝宝

可以爬到更远。

会花很多时间在观察，并思索那是什么东西。

有过中线的能力。就是说经常会用一只手伸到身体的另一边去动作。但感觉统合不良的孩子这种能力差。

学习了解一些用具，以及如何使用它们。比如用勺子吃饭和喝水、拿笔乱画等等。

### （六）1~2岁的宝宝

走路早已不成问题，能单独行走；行走的时候拉着玩具或拿一个大的玩具或几个小玩具。

跑得也比较平稳了，动作已协调了许多。能自己观察路线和道路情况，避开危险或障碍。

感觉统合能力有了很大提高，会踢球；能够独自在家具上爬上爬下；可以用脚尖站立。

扶着栏杆上下楼梯。已经能双脚离地跳起，也能向前跳出一小步，多数宝宝已能自己避过障碍。

身心发展已越来越呈现出幼儿的特征，开始有了自己的思维、自己的个性和更多的自主行为。

已颇具想象力，会把所有圆圆的东西都说成像太阳，把弯弯的东西说成像月亮。

已经能够理解一些抽象的概念，比如今天和明天、快和慢、远和近等等。

### （七）3岁的宝宝

头部发育速度开始减慢，四肢和躯干长得更长，头和身体的比例更趋向成人。

能完整地背一些儿歌，语言发育快的宝宝掌握的儿歌会更多。

能够比较完整一点点地掌握正确发音，语言结构比以前规范，吐字清楚；当大人提问的时候，可以用比较完整的句子回答问题。

走路姿势正确，动作也比较协调；能够脚尖对着脚跟，稳当地向前走大约2米远。

能独自上下楼梯，有时还可以帮助大人拎购物袋；能够手不扶着物

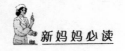

体，一只脚独立站5秒钟。

跑起来的时候姿势正确，并且在跑的时候能够前脚掌着地，大约30秒，能跑45～50米。

跳的时候，两脚能够自然跳起，可以从平地跳上台阶，并且能够轻轻地落地；两脚并在一起的时候，能够向前连续跳6～7米远，如果在原地跳跃，可以跳35～40次。

运动的时候，动作迅速，手脚比较敏捷；双臂在身体旁边平举起，上身挺直，然后双脚能够交替在宽18厘米、长2米、高25厘米的平衡木上随意走动；能够动作协调地翻过高194厘米的攀登架，能够迈过35～40厘米高的横竿。

能够姿势正确地握笔画圆形、菱形、梯形、十字、平行线和斜线，并且画面整洁。

能独立吃饭。控制大小便的能力也加强了，有大小便意的时候能及时叫人，能够在大人的稍加指导下，自己穿脱衣服、脱鞋袜。

情绪已经很稳定了，但是常常会因为愿望不能满足而大声哭闹。有的时候宝宝会表现出某种具有攻击性的行为，比如会打、咬、指挥身边的人，还会产生强烈的逆反心理。

懂得四季及天气变化的特征，比如知道刮风、下雨、晴天、阴天等，认识不少自然景观。

## 八、语言发育

正常宝宝天生具有发展语言技能的机制与潜能，但是必须提供适当的条件，例如多与周围人群进行语言交流，其语言才能发展。语言对宝宝社会行为的发展十分重要，其发展经过发音、理解和表达三个阶段。

**1. 发音阶段（出生到1岁）**

这个阶段新生儿已经会叫，1～2个月开始发喉音；2个月时会发"啊"、"伊"、"呜"等原音；6个月的时候出现辅音；7～8个月能发出"爸爸"、"妈妈"等语音；8～9个月喜欢学亲人口发音；10个月有意识地叫"爸爸"、"妈妈"。

**2. 理解语言阶段（1～1.5岁）**

理解语言在发音阶段已经开始。宝宝通过视觉、触觉、体位觉等与听觉的联系，逐步理解一些日常用品，如"奶瓶"、"电灯"等名称。

亲人对宝宝自发的"爸爸"、"妈妈"等语言的及时应答，也使其逐渐理解这个音的特定含义。

**3. 表达语言阶段（1.5~3岁）**

在理解的基础上，宝宝学会表达语言，如"再见"、"没了"等，先说单词，后组成句子；从简单句到复杂句。

# 第二章　饮食与营养

## 一、母乳的成分

母乳含有婴儿生长发育所需要的各种营养物质。尽管科学家与营养学家不遗余力地改良婴幼儿乳制品，使其营养价值尽量接近母乳，但始终无法取代母乳的地位。

母乳所含的成分如下。

**1. 蛋白质**

人乳和牛乳中乳白蛋白与酪蛋白的比率不同。人乳中乳白蛋白占总蛋白的70%以上，与酪蛋白的比例为2∶1；而上两者在牛乳中的比例为1∶4.5。乳白蛋白可促进糖的合成，在胃中遇酸后形成的凝块小，利于消化。而牛奶中大部分是酪蛋白，在婴儿胃中容易结成硬块，不容易消化，且可使大便干燥。

**2. 氨基酸**

人乳中含牛磺酸较牛乳为多。牛磺酸与胆汁酸结合，在消化过程中起着重要作用，可维持细胞的稳定性。

**3. 乳糖**

母乳中所含乳糖比牛、羊奶含量高，对婴儿脑发育有促进作用。母乳中所含的乙型乳糖有间接抑制大肠杆菌生长的作用。而牛乳中则是甲型乳糖，能间接促进大肠杆菌的生长。另外，乙型乳糖还有助于钙的吸收。

**4. 脂肪**

母乳中脂肪球少，且含多种消化酶，加上小儿吸吮乳汁时舌咽分泌的舌脂酶，有助于脂肪的消化。故对缺乏胰脂酶的新生儿和早产儿更为有利。此外，母乳中的不饱和脂肪酸对婴儿脑和神经的发育也有益。

**5. 无机盐**

母乳中钙磷的比例为2∶1，易于吸收。对防治佝偻病有一定作用。而牛奶为1∶2，不容易吸收。

### 6. 微量元素

母乳中锌的吸收率可达 59.2% ，而牛乳仅为 42% 。母乳中铁的吸收率为 45% ~ 75% ，而牛奶中铁的吸收率仅为 13% 。此外，母乳中还有丰富的铜，对保护婴儿娇嫩心血管有很大作用。

## 二、母乳对宝宝的好处

母乳营养丰富，是宝宝最理想的天然生理食品。母乳中含有较多的脂肪酸和乳糖，钙磷比例适宜，适合宝宝的消化和需要，不易引起过敏反应。吃母乳的宝宝很少发生腹泻和便秘。母乳中富含利于婴儿脑细胞发育的牛磺酸，有利于促进宝宝智力发育。同时也含有多种增加宝宝免疫抗病能力的物质，可使宝宝在出生后的第一年中减少患病，并能够预防各类感染。特别是初乳，含有多种预防、抗病的抗体和免疫细胞，这是任何代乳品中所没有的。而且母乳可以随宝宝的生长发育调整热量，也会随气候的变化而调整脂肪量和水分含量。健康的母乳中几乎无菌，直接喂哺不易污染，温度合适，吸吮速度及食量可随宝宝的需要增减，可以随时喂哺，方便又卫生。而且母乳有利于宝宝味觉发育，食用母乳的宝宝长大后较少挑食。

母乳喂养可促进宝宝与母亲的感情建立与发展。母亲对宝宝的照顾、抚摸、拥抱、对视、逗引以及母亲胸部、乳房、手臂等身体的接触，都是对宝宝良好的刺激，能够促进母子感情日益加深，可使宝宝获得满足感和安全感，更能使宝宝心情舒畅，也是其心理正常发展的重要因素，可以更好地促进宝宝大脑与智力的发育。

宝宝吸吮母乳时嘴、下腭、舌头的运动，对语言发育有很好的影响，同时可以防治宝宝牙位不齐。

## 三、母乳对宝宝的保护

每一滴母乳中都含有成百上千的白细胞，它们在宝宝的肠胃中活动，侦察和杀死有害细菌。母乳抵抗疾病的能力是如此珍贵，在古时候，人们甚至称它为"白血"。这些保护性的细胞就像一个个小心翼翼的"妈妈"，在最初几周的含量最为丰富，因为那时新生儿自身的防御系统还很弱。随着宝宝自身免疫系统的成熟，母乳中白细胞的浓度会逐渐降低。不过在产后至少 6 个月内，它们还是一直存在于母乳中的。除

了抑制感染外，这些宝贵的细胞还能像血液一样负责储存、运输一些无价之宝，例如酶、生长因子和免疫球蛋白等。采用母乳喂养，意味着可以每天给宝宝提供免疫力。

## 四、母乳对妈妈的好处

母乳喂养有助于母亲和孩子的情感联系，对于新生儿，身体的接触是很有必要的，会让他们感觉更安全、温暖和舒适。

母乳喂养可以消耗掉过多的热量，更有利于减掉母亲孕期里增加的体重，帮助母亲尽快恢复孕前的窈窕身材。

帮助子宫更快地回复到原来的大小以及减轻产后的出血。

哺乳同时还可以减低罹患乳腺和卵巢肿瘤的风险。

减低以后发生髋关节骨折和骨质疏松症的风险。

哺乳，尤其是纯母乳喂养，能够推迟正常的排卵和月经周期。

哺乳可以让母亲和孩子享受到一段安静放松的时光。

## 五、初乳出现的时间

初乳是产妇分娩后1周内分泌的乳汁，颜色淡黄色、黏稠。初乳营养丰富，能增加孩子的抗病能力，能保护婴儿健康成长。初乳还能帮助孩子排出体内的胎粪、清洁肠道。有些妈妈不知道初乳的好处，由于初乳量少，且颜色不好，就把它弃之不用，这是错误的。因此，即使母乳再少或者准备不喂奶的母亲也一定要把初乳喂给孩子。

## 六、喂奶的频度和时间

### （一）时间

目前主张产后立即喂奶，正常足月新生儿出生半小时就可接受母亲喂奶，这样既可防止新生儿低血糖，又可促进母乳分泌。孩子吸吮乳头还可刺激母体分泌乳汁，为母乳喂养开个好头。早喂奶能使母亲减少产后出血。

### （二）方法

正确的哺乳方法，应将一手的拇指和其余四指分别放在乳房的上、下方，并把乳房托起呈直锥形，而且母婴必须紧密相贴，头与双肩朝向乳房。哺乳时母亲身体一定要放松，身体略向前倾，用手掌根部托起婴儿颈背部，四指支撑婴儿头部。喂母乳时无论白天和夜间都要把孩子抱起来喂，一侧乳汁排空了才能更好地刺激乳腺再分泌。喂奶前要将乳头洗干净，先挤出几滴，然后再让孩子吃。

### （三）次数

新生儿出生后就应该开始哺乳，并实行按需要不定时喂哺。婴儿出生后的 4～8 天最需频繁哺乳以促使母乳量迅速增多。对于嗜睡或安静的婴儿，应在白天给予频繁哺乳，以满足其生长发育所需的营养。

### （四）夜间哺乳注意事项

产后有疲乏，加上白天不断地给孩子喂奶、换尿布，到了夜里母亲就非常瞌睡。夜间遇到孩子哭闹，母亲会觉得很烦，有时把奶头往孩子的嘴里一塞，孩子吃到奶也就不哭了，母亲可能又睡着了，这是十分危险的。因为孩子吃奶时与母亲靠得很近，熟睡的母亲即便是乳房压住了孩子的鼻孔也不知道，这样悲剧就有可能发生，为避免这种事情的发生，母亲夜间喂奶时最好能坐起。

## 七、初次喂奶

凡是见过哺乳妈妈的人，都会觉得给孩子喂奶，是一件不费吹灰之力的事情。你看她们，一边说着话、吃着饭，一边撩起衣襟，把孩子放到胸前，多么自如、多么娴熟，好像喂母乳是一件再自然不过的事情。就连医护人员有时都会有这样的错觉，似乎只要把产妇和宝宝放到一起，她俩就能配合默契，乳汁横流，宝宝添膘。可是一旦落到自己身上，许多新妈妈们却发现，没有任何一样事情是自然而成的。以下是初次喂奶的几点要素。

### （一）早早开始

如果条件允许，孩子刚一出生，就抱到怀里让孩子吸吮母亲的乳头。新生儿在出生后有 45 分钟的时间，十分安静而又警觉，直视父母的脸，并且对说话声做出反应。出生后 20～30 分钟之间，新生儿的吸吮反射最为强烈。在出生后的第 1 个小时里，大多数宝宝们都准备好了，甚至急于吃到妈妈的奶头。如果错过了这个黄金时间，宝宝的吸吮反射在今后的一天半之内会有所减弱。早早的吸吮，对于宝宝和产妇都有很多好处。吸吮帮助宝宝消除在分娩过程中承受的紧张，帮助宝宝适应新环境。吸吮对产妇有助于宫缩，有利于胎盘的分娩以及产后恢复。

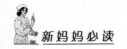

### （二）和宝宝同室相处

母乳喂养是需要你和宝宝两个人一起进行的事业。最理想的情况是妈妈和宝宝同室相处，不必依靠护士定时定点地把孩子抱过来，而是想什么时候喂奶就什么时候喂。母乳喂养的基本原则之一就是按需喂养，只要孩子一哭，妈妈马上就可以把孩子抱到怀里喂奶。而且也可以保证孩子吸吮的只是母乳，不是什么别的添加物。

### （三）刻苦练习、频繁吸吮

大多数新妈妈和新生儿都需要学习成功母乳喂养的技巧：正确的哺乳姿势和正确的衔乳方式。并且在一开始，母子俩要经过一番磨合，才能达到默契自如。首先，母亲的奶是根据孩子的需要而产生的，新生儿在头几天需要很少，他们小小的胃承受不了太多的食品。其次，即使母亲看不到有明显的乳汁分泌出来，乳房其实也在分泌初乳，里边含有丰富的抗体，是给宝宝的天然预防针，所以一定要让宝宝吃上。宝宝的吸吮，刺激母亲体内催乳素和催产素的分泌，这两种激素继而敦促母亲乳房内的腺体生产母乳。因此，频繁的吸吮有助于乳汁的分泌。吸吮的越勤，乳汁分泌的越旺盛。

### （四）拒绝奶瓶

有些医院为解脱医护人员的负担，常规给新生儿喂葡萄糖水；有些父母或者老人急于平息孩子的哭声，给孩子喂奶粉。这些都会破坏母亲喂母乳的努力。添加物会满足孩子的胃口以及吸吮要求，使得孩子更想睡觉，而不是吃妈妈的奶。吸吮母乳是一件比较费劲的活动，而吸吮奶嘴却会很容易地吃到东西。一旦宝宝适应了奶嘴的轻而易举，就不再愿意花费力气去吸吮妈妈的奶头。吸吮频率的降低、吸吮时间的减少，都会导致乳汁分泌不顺畅，这是一个恶性循环。如果在特殊情况下（新生儿脱水或低血糖）必须喂添加物，一定要让宝宝先吸吮妈妈的奶头，然后再喂糖水或奶粉。最好不用奶瓶，而是用小勺或者针管。要给宝宝培养成习惯，就是必须经过吸吮的努力，才能吃到东西。

### （五）耐心等待、持之以恒

没有任何一对母子是在第一天就顺利地建立起成功的母乳喂养关系。宝宝肯定是初出茅庐，你大概也是一点儿经验都没有的新手。你们俩都需要学习，学习的过程中需要耐心。一般来说，成功地产奶，需要

3～7 天的时间。在母子的供需关系达到默契之前，肯定会经历一些困难与错误。不要着急，不要气馁，坚持下去，坚持就是胜利。而且要记住，如果分娩过程不很顺利，下奶的过程可能就会更加缓慢。尤其如果分娩过程中使用了麻醉药，产妇和新生儿都会昏昏欲睡，没有精力去学习母乳喂养的艺术，那就睡足了再说吧。

### （六）保持冷静、心情舒畅

对于一个新手妈妈，这是说起来容易，做起来难。产后环境十分不如人意。往往是七八个产妇和新生儿一间屋子，病房里人来人往，闹哄哄、乱糟糟，令人无法平静。但是，保持心情舒畅，对于成功母乳喂养至关重要。焦虑会妨碍乳汁的泌出，也就是说，即使你的身体生产了母乳，如果你不放松，乳汁就不会流出来。因此，最好在产前就取得家里人对于母乳喂养的理解和支持，在产后能够按照自己的意愿进行努力。尽量放松，保持心情愉快。

## 八、母乳喂养的正确步骤

碰碰宝宝嘴唇，让嘴张开。

嘴张开后，将宝宝抱在胸前使嘴放在乳头和乳晕上，宝宝的腹部正对自己的腹部。

如果宝宝吃奶位置正确，其鼻子和面颊应该接触乳房。见图1。

待宝宝开始用力吮吸后，应将宝宝的小嘴轻轻往外拉约5毫米，目的是将乳腺管拉直，有利于顺利哺乳。

图1 母乳喂养的正确步骤

## 九、喂奶姿势与技巧

妈妈母乳喂养时的4种正确姿势。

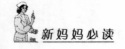

## 1. 侧躺（足球）抱法

让宝宝在你身体一侧，用前臂支撑他的背，让颈和头枕在你的手上。如果你刚刚从剖宫产手术中恢复，那么这样是一个很合适的姿势，因为这样对伤口的压力很小。

## 2. 侧卧抱法

你可以在床上侧卧，让宝宝的脸朝向你，将宝宝的头枕在臂弯上，使他的嘴和你的乳头保持水平。用枕头支撑住后背。见图2。

## 3. 摇篮抱法

用你手臂的肘关节内侧支撑住宝宝的头，使他的腹部紧贴住你的身体，用另一只手支撑着你的乳房。因为乳房露出的部分很少，将它托出来哺乳的效果会更好。见图3。

## 4. 橄榄球抱姿

橄榄球抱姿适用于那些吃奶有困难的宝宝，同时还可以有利于妈妈观察孩子，在孩子吃奶的时候可以调整宝宝的位置。步骤为让宝宝躺在一张较宽的椅子或者沙发上，将他置于你的手臂下，头部靠近你的胸部，用你的手指支撑着他的头部和肩膀。然后在孩子头部下面垫上一个枕头，让他的嘴能接触到你的乳头。

图2　侧卧抱法

图3　摇篮抱法

喂奶要有正确的姿势。不少婴幼儿患病和发育生长变异都是和喂奶姿势有关。给躺着的宝宝喂奶会影响其胃肠消化功能，还会给面容的健康发育造成有害的影响。因为宝宝的胃肠功能还不健全，即使是半卧姿吮奶也有可能产生吐奶，躺着吃奶则更容易发生吐奶。吐奶有可能会吸入气管或肺部，引起吸入性肺炎等。溢奶还会流入咽喉管，并由此进入中耳，引起中耳炎或其他耳病。宝宝躺着吃奶，由于吸吮动作不平衡，下颌骨过分运动，上颌骨处于静止状态，持续过久还会影响宝宝的面容，造成面中部塌瘪，而下部前突伸长，造成畸形。

## 十、哺乳时乳头受伤的处置

乳头破裂常由婴儿吸吮不当所造成。此外，怀孕后期没有认真擦洗乳头，以及平时常用肥皂和酒精擦洗乳头，也可致乳头发生皲裂。这需要注意掌握喂奶方法，纠正婴儿吸吮姿势，同时采取一些措施使皲裂的乳头尽快愈合。

具体方法是：哺乳前用温热毛巾敷乳房和乳头 3~5 分钟，同时按摩乳房以刺激泌乳，并应先挤出少量乳汁使乳晕变软再开始哺乳。损伤轻的一侧先哺，以减轻婴儿对另一侧乳房的吸吮力。

哺乳体位应交替，如一次为卧位，下一次则改为坐位。哺乳时间每隔 2~2.5 小时 1 次，每次 10~15 分钟。停止哺乳时，可温和地轻压婴儿下颏中断吸吮。如一侧乳头皲裂，也可暂喂健侧或用吸乳器吸出后再喂。平时损伤部位可涂少许乳汁、凡士林或其他洁净油脂保护皮肤，也可用乙底酚药液涂抹。但忌用含硼酸的药水或软膏，以免引起婴儿中毒。若疼痛剧烈，可暂停哺乳 24 小时，将乳汁按时挤出，用小匙喂婴儿。

除了乳头皲裂外，有的产妇还会发生乳管阻塞，这类损伤大多由乳汁郁积、不经常哺乳以及乳房局部受压所致。此时哺乳前应先热敷和按摩乳房，阻塞的一侧先哺乳，因饥饿的婴儿吸吮力最强，有利于吸通乳腺管。哺乳次数宜多不宜少，哺乳后妈妈要充分休息，保持心情愉快。

## 十一、奶水不足

造成奶水不足的常见原因如下。

### 1. 过早添加配方奶或其他食品

这是造成奶水不足的主要原因之一。由于宝宝已经吃了其他食物，并不感觉饥饿，便会自动减少吸奶的时间，如此一来，乳汁便会自动调节减少产量。

### 2. 喂食时间过短

有些妈妈限制哺喂的次数或者每次喂食时间过短等，都会造成母奶产量的减少。事实上，哺喂母奶不必有固定的时间表，宝宝饿了就可以吃；每次哺喂的时间也应由宝宝自己来决定。有时候宝宝的嘴离开妈妈的乳头，可能只是想休息一下、喘一口气（吸奶是很累的，有没有听过

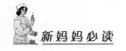

"使出吃奶的力气"这句话），或是因为好奇心想要观察周围的环境等。

### 3. 母亲营养不良

母亲平日应该多注意营养，不宜过度减轻体重，以免影响乳汁的分泌；最好多食用富含蛋白质的食物，进食适量的液体，并注意营养是否均衡。

### 4. 药物影响

母亲如果吃含雌性激素的避孕药或因为疾病正在接受某些药物治疗，则可能会影响泌乳量。这个时候应避免使用这些药物，在就诊时，要让医师知道你正在喂母乳。

### 5. 母亲睡眠不足、压力过大

为人母的工作是十分耗费精神以及体力的，建议正在哺乳的母亲应放松心情，多找时间休息，就可以解决暂时奶水不足的现象。

西医学对于奶水不足，除了乳房按摩及催产激素注射外，并没有很好的处理方法，而中医学则建议食补重于药补。例如：怀孕时若有妊娠贫血，要服用铁剂补充，以预防产后大出血，造成体营养不足；产后则要增加营养，尤其要添加富含蛋白质的食物和新鲜蔬菜；若是为了钙的补给，最好多吃些连骨一起的小鱼（如仔鱼）及芝麻豆腐、芝麻拌菜，用油以植物油较理想。

## 十二、涨奶

不少哺乳母亲有过这样的经历，当乳汁开始分泌时，乳房开始变热、变重，出现疼痛，有时甚至像石头一样硬。乳房表面看起来光滑、充盈，连乳晕也变得坚挺而疼痛。在这种情况下，即使妈妈强忍着胀痛哺乳，宝贝也很难含到妈妈的乳头。这就是"涨奶"。

### （一）原因

涨奶主要是因为乳房内乳汁及结缔组织中增加的血量及水分所引起的。孕妇从孕末期就开始有初乳，当胎盘娩出后，泌乳激素增加，刺激产生乳汁，乳腺管及周围组织膨胀，在产后第三四天达到最高点。如果妈妈在新生儿出世后未能及早哺喂或哺喂的间隔时间太长或乳汁分泌过多，宝宝吃不完，均可使乳汁无法被完全移出，乳腺管内乳汁淤积，让乳房变得肿胀且疼痛。此时乳房变硬，乳头不易含接，妈妈会因怕痛而减少喂奶次数，进一步造成乳汁停流，加重涨奶。

## （二）预防方法

让宝宝及早开始吸吮，在出生后半小时内开始哺喂母乳，这样乳汁分泌量也会较多。注意哺喂次数，约 2～3 小时 1 次，以移出乳汁，保证乳腺管通畅，预防涨奶。如果乳汁分泌过多，宝宝吃不了，应用吸奶器把多余的奶吸空。这样既能解决产妇乳房胀痛，又能促进乳汁分泌。

## （三）处理办法

一般情况下，及时多次吸吮 1～2 天后，乳腺管即可通畅。但是乳房过度肿胀，妈妈往往疼痛难熬，此时可采取以下办法解决舒缓不适。

### 1. 热敷

热敷可使阻塞在乳腺中的乳块变得通畅，乳房循环状况改善。热敷中，注意避开乳晕和乳头部位，因为这两处的皮肤较嫩。热敷的温度不宜过热，以免烫伤皮肤。

### 2. 按摩

热敷过乳房后，即可按摩。乳房按摩的方式有很多种，一般以双手托住单边乳房，并从乳房底部交替按摩至乳头，再将乳汁挤在容器中。

### 3. 借助吸奶器

奶胀且疼得厉害时，可使用手动或电动吸奶器来辅助挤奶。

### 4. 热水澡

当乳房又胀又疼时，不妨先冲个热水澡，一边按摩乳房，感觉会舒服些。

### 5. 温水浸泡乳房

可用一盆温热水放在膝盖上，再将上身弯至膝盖，让乳房泡在脸盆里，轻轻摇晃乳房，借着重力可使乳汁比较容易流出来。

### 6. 冷敷

如果奶胀疼痛非常严重，可用冷敷止痛。一定要记住先将奶汁挤出后再进行冷敷。

### 7. 看医生

如果肿胀无法缓解，疼痛继续，要到医院诊治。

## （四）涨奶时如何喂奶

如果乳房肿胀得很硬，必须利用上述办法使乳房变软，这样宝宝才容易含住奶头，也可以将乳汁挤出，喂给宝宝吃。

## 十三、哺乳期乳房护理

### （一）乳头内陷

乳头形态因人而异，有的母亲乳头扁平或内陷，会增加初期哺乳的困难。婴儿因一时含不住乳头，吸吮不到乳汁而大声哭闹、手足乱蹬，母亲见状会着急。实际上乳头对于哺乳并不重要，它的作用是引导宝宝将乳晕全吸入口腔。所以，乳头内陷的母亲喂奶时可先用手指轻轻按摩一下乳头，使其凸出一点。最有效的办法是先用手将胀满的乳房中的乳汁挤掉一些，使得乳晕区变得比较柔软，再用拇指和食指将乳晕区压成扁平形态，使乳晕和乳头形成"奶头"，这样，婴儿就容易吸住了。

### （二）乳头皲裂

开始喂奶的头几天，母亲会觉得乳头有些刺激，持续几秒后就会消失，这是正常现象。但如果感觉乳头疼痛始终不退，逐渐加重，说明乳头上可能有裂口，乳头是人体敏感的部位，一旦出现裂口，会感觉异常疼痛，有的母亲因耐受不了疼痛而放弃母乳喂养。

预防乳头裂口的方法：不要在婴儿特别饥饿时喂养；注意正确的喂哺姿势；经常按摩乳房，刺激喷奶反射；喂哺时，一定要把大部分乳晕塞到婴儿口中；每次哺乳之后将乳头晾干后挤几滴奶均匀地涂在乳头上，可起到保护乳头的作用；在乳头上面不能使用肥皂；哺乳完毕后切勿从婴儿口里强拉出乳头，可用手指轻压婴儿下巴，阻止婴儿吸奶后再轻轻退出乳头；母亲应该穿宽松的棉制品内衣并戴胸罩，当胸罩被奶水打湿的时候，要及时更换。

## 十四、母乳的存储及使用

### 1. 保存

母乳之珍贵无可取代，当妈妈跟孩子分开的时候，可以适当地储存奶水供给宝宝食用。

（1）3~5天内要食用的母乳可冰在冷藏室。

（2）储存下来的母乳要装在干净的容器内，比如消毒过的塑胶筒、奶瓶、塑胶奶袋。

（3）储存母乳的时候，每次都得另用一个容器。

（4）给装母乳的容器留点空隙。不要装得太满或把盖子盖得很紧。

（5）以小份（60～120毫升）存放，这样方便家人或保姆根据宝宝的食量喂食而且不浪费，并且在每一小份母乳上贴上标签并记上日期。

**2. 保存步骤**

（1）先将宝宝一次喝奶所需的量装入集乳袋内。

（2）放凉后放于冰箱保存。

（3）密封后要写上日期及容量。

（4）装了母乳的容器应避免放在冰箱门上，以避免冰箱门温度不稳定，乳汁容易变质。

（5）可以将母乳袋用保鲜膜包好，放在独立的保鲜盒或密封袋内，再放入冷冻柜，这样可以避免受到其他食物影响，破坏乳汁的新鲜度。

（6）食用前先冷藏解冻（冷藏时应放在冰箱内层）或直接放在室温下解冻。

（7）解冻后应轻轻摇晃，让乳汁及脂肪混合均匀。

（8）直接以袋子隔温水加热，或将解冻的母乳倒入奶瓶隔水加热回温。

（9）不能用微波炉或煮沸法来加热母乳，以免破坏乳汁的营养成分。

（10）解冻后的母乳不要再次冷冻，应该在一天内食用完，以免乳汁变质。

（11）集乳瓶使用后要清洁消毒，以免奶垢残留滋生细菌。

**3. 储存注意事项**

（1）母亲在挤奶前必须洗手。

（2）乳汁可以在冰箱中冷藏储存或者冷冻储存，请将吸出的乳汁放在奶瓶中密封盖好或者放在母乳存储杯中并盖好。

（3）如果乳汁吸出后是要喂宝宝吃的，那么必须使用消毒过的吸奶器吸奶。

（4）乳汁吸出后必须马上冷藏。

（5）乳汁在冰箱中最多只能冷藏储存48小时（不要放置在冰箱门上），冷冻储存3个月。

（6）如果白天要往在冰箱中冷藏保存的乳汁中添加新吸出的乳汁，那么必须使用消毒过的容器，而且最早吸出的乳汁的保存时间不能超过48小时。

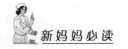

（7）不要将解冻后的母乳再次冷冻。

（8）不要在冷冻保存的乳汁中加入新鲜乳汁。

## 十五、人工挤母乳的方法

将容器放在高度合适的平台上，如果你弯得太低，可能会引起背痛。

挤母乳应该没有任何疼痛感。如果感觉疼痛，请立即停止，并向医生或助产士询问是否挤奶方法有误。

身体越放松，挤奶就越容易。如果母乳仍未流出，可用温热的毛巾覆盖乳头，以帮助打开乳腺，或在沐浴时挤奶。

如果担心宝宝习惯奶瓶的奶嘴后会拒绝吸食乳头，你可以试着用一个特别设计的杯子或是汤匙喂奶。但一定确保杯子和汤匙都经过严格的消毒。

挤奶前，双手一定要洗净，所有容器都要消毒。

尽量简化挤母乳的过程。

## 十六、奶瓶选择的要点

奶瓶是重要的育儿工具，很多宝宝刚生下来就需要用奶瓶，在断奶期，奶瓶也需要派上用场，可是很多宝宝不喜欢吮奶瓶，让宝宝接受奶瓶是一个循序渐进的过程，是需要逐步训练的。

不同材质的奶瓶各有优点与用途：目前市场上的奶瓶从制作材料上分主要有两种：PC（聚碳纤维，一种无毒塑料，俗称"太空玻璃"）制和玻璃制的。玻璃奶瓶，因为它可以蒸煮消毒、容易洗涮干净，也可以放微波炉消毒或加热牛奶，而不致产生不利健康的化学元素。而 PC 质轻，而且不容易碎，适合外出及较大宝宝自己拿。但经受反复消毒的"耐力"就不如玻璃制的了。材质不同的奶瓶适合不同月份的婴儿：玻璃奶瓶适用于不会自抱奶瓶吃奶的婴儿。3 个月后，塑料奶瓶对能够自抱奶瓶吃奶的婴儿则比较安全。

有种奶瓶附带的橡皮奶头有自动进气装置，当婴儿吸食奶瓶中的奶时，因瓶内呈负压而使进气装置开放，以保持奶瓶内外压力差别不大，利于婴儿吸吮奶汁，省去了喂奶过程中反复拔出奶头使空气由奶孔进入的麻烦，并避免对婴儿吃奶的干扰。

应当使用带瓶帽的奶瓶，以便盖住消毒后的奶头和瓶口，防止污染。如果用不带帽的奶瓶，可用白布自制瓶帽，大小超过奶瓶直径，以便能罩住奶头和奶瓶上端。奶瓶瓶口宜大不宜小，便于装奶和清洗。最好买240毫升容量的大奶瓶，可以一直用到断奶不需更换。但要说明一点，240毫升不是婴儿一次应吃的奶量，小于6个月婴儿的一次奶量不应超过200毫升，大于6个月的婴儿一次最大量不应超过220毫升。

奶瓶的数量应相当于婴儿每日喂奶和喂水的次数或更多一些，以便奶瓶破损时不耽误使用。有的家长只买两三个奶瓶交替使用，只在喂奶后洗一洗或用开水涮一涮，未经蒸煮消毒就再次使用，这种清洗马虎的奶瓶很易滋生病菌，引起婴儿肠道感染。足够的奶瓶和奶头，便于将用过的奶瓶和奶头积攒下来，集中清洗消毒。消毒的奶瓶应用瓶帽盖好以备第二天使用。千万不可为节约奶瓶而因小失大。

奶瓶形状应分年龄段选购。

（1）圆形奶瓶　适合0~3个月的宝宝用。这一时期，宝宝吃奶、喝水主要是靠妈妈喂，圆形奶瓶内颈平滑，里面的液体流动顺畅。母乳喂养的宝宝喝水时最好用小号奶瓶，储存母乳可用大号的。用其他方式喂养的宝宝则应用大号奶瓶喂奶，让宝宝一次吃饱。

（2）弧形、环形奶瓶　4个月以上的宝宝有了强烈的抓握东西的欲望，弧形瓶像一只小哑铃，环形瓶是一个长圆的"O"字型，它们都便于宝宝的小手握住，以满足他们自己吃奶的愿望。

## 十七、剖宫产宝宝的哺乳

剖宫产比自然分娩更难实现母乳喂养。研究发现，剖宫产术后产妇泌乳的始动时间，也就是胎儿娩出至产妇自觉乳胀、挤压乳房时第一次有奶水排出的时间，要比自然分娩的新妈妈晚近10个小时，而且体内的催乳素水平偏低。

### （一）"三贴"、"三早"——尽早给新生宝贝哺乳

新生儿出生后20~50分钟的吸吮反射最强，如果能在此期间充分有效地实施"三贴"，即胸贴胸、腹贴腹、婴儿口腔贴产妇乳房，以及"三早"，即早抚触、早吸吮、早开奶。这些不仅可巩固新生儿的吸吮反射，还可以刺激乳头神经末梢，从而引起催乳素的释放，使奶水提前分泌，提高泌乳量。所以，剖宫产的新妈妈要积极采取早接触、早吸吮

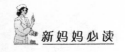

等催乳技巧，尽早开奶。

对于开始奶水比较少的新妈妈，尽量避免用奶瓶、奶嘴，这样会造成婴儿的乳头错觉现象，再也不肯用力吸吮妈妈的乳头了。

### （二）镇痛泵——减轻剖宫产切口的疼痛

剖宫产的新妈妈可以要求医院提供硬膜外镇痛泵。研究表明，术后镇痛对新妈妈和新生儿没有不良影响，奶水中检测不到麻醉药物，所以是安全可行的。它对剖宫产新生儿成功母乳喂养有很大的帮助。

### （三）心态平和——缓解紧张情绪

缓解紧张情绪能促进奶水分泌，所以，对于剖宫产的新妈妈，家人应该给予更多的关心、照顾、鼓励，注意她的情绪变化，通过安慰的话语和实际行动，帮助新妈妈解除顾虑，使她感受到"初为人母"的喜悦，这样很有助于奶水分泌。

### （四）环抱式坐位哺乳——妈妈舒适方便，新生儿有效吸吮

新妈妈喂奶的体位，直接影响新生儿口腔含接乳头的姿势。妈妈在平卧位时，乳房显得较平坦，乳头及周围乳晕不易凸出，宝宝不容易含住乳头及大部分乳晕，侧卧位也不利于形成好的含接姿势。宝宝的含接姿势不好，容易造成妈妈的乳头疼痛及乳头皲裂等现象。

虽然，坐位哺乳应该是最佳体位，但剖宫产的新妈妈，最初几天因腹部切口疼痛或切口受压和摩擦，容易擦脱敷料，常呈半坐卧位哺乳姿势。其实，有一种环抱式坐位哺乳方法比较适合剖宫产的新妈妈，这样不仅妈妈舒适方便，而且宝宝可以有效吸吮奶水。

## 十八、早产儿的哺乳

早产儿是指胎龄未满 37 周，出生体重小于 2500 克的活产新生儿。由于早产儿各器官发育不成熟，抗病能力低，死亡率高。所以，加强早产儿后天的喂养及护理是提高早产儿成活率的重要措施。

### 1. 提倡早产儿母乳喂养，加强母乳喂养

因为早产母亲的奶中所含的各种营养物质和氨基酸较足月母乳多，能充分满足早产儿的营养需要。而且早产母亲的奶更有利于早产儿的消化吸收，所含的不饱和脂肪酸、乳糖和牛磺酸能为早产儿大脑发育提供营养保证。早产儿母亲的奶，特别是初乳中，含有丰富的抗感染物质，能增强早产儿抗病能力，保护婴儿少得病，减少腹泻、呼吸道及皮肤感

染的危险。因此，母乳是早产儿最理想的食品，早产儿更需要母乳喂养。

**2. 鼓励母亲树立母乳喂养成功的信心**

早产儿与正常新生儿不同，先天发育不完善，自主呼吸不平稳，吸吮力弱，吞咽动作慢，再加上母亲早产，体内激素未达到正常水平，乳房偏平、乳头凹陷及乳头较大等影响，再有其认为婴儿口小不能含接等原因，导致母亲从心理上不愿给早产儿哺乳。另一方面，有的母亲对能否喂养好早产儿缺乏信心，怀疑自己乳汁的数量、营养是否能满足早产儿的需要。所以，我们应鼓励帮助早产儿母亲树立哺乳成功的信心，使其了解并认识到早产母亲的乳汁优于足月母亲乳汁，更优于牛奶；给早产儿喂养初乳和母乳的好处；相信自己的乳汁最适合喂养孩子；要想办法让早产儿尽早吃到母乳或者出院后即可吃到母乳；并鼓励母亲和早产儿尽早接触，帮助她主动积极地进行母乳喂养。

**3. 母婴同室按需哺乳**

对于有吸吮力的早产儿，在断脐后 30 分钟内直接与母亲接触（注意保暖），并吸吮母亲的乳头，母婴同室，按需哺乳。在喂奶过程中，要注意保持母亲喂哺及婴儿含接姿势正确。母亲喂奶的体位：胸贴胸，腹贴腹，下巴贴乳房。母亲用手托起乳房和婴儿的下颌，避免婴儿颈部伸直。婴儿含接：张开嘴，嘴巴凸起，含住乳头及大部分乳晕，两颊鼓起，有节律地吸吮和吞咽。由于早产儿呼吸中枢及呼吸肌发育不完善，咳嗽及吞咽反射差，在哺乳时应注意观察有无吮奶后呼吸暂停或暂时性青紫、呛奶、过度疲劳等表现。因早产儿胃容量小，所以要勤喂，每日至少喂 8～12 次。每次哺乳后要竖抱，并轻拍背部，使其打嗝。由于早产儿吸吮能力低，母亲在其吸吮后还需挤出余奶，以保证乳房有足够的刺激使乳汁充沛。对吸吮能力太差或因治疗而不能直接吸吮的早产儿，应指导母亲按时挤奶（至少每 3 小时挤一次），挤出的初乳或乳汁应盛在已消毒的杯中，然后用滴管或小匙喂给早产儿。同时让母亲看到自己有奶，完全能满足婴儿需要，帮助其克服乳汁不足的心理。一旦早产儿有可能直接吸吮母乳时应尽早试喂。

**4. 早产儿早期母乳喂养的指征**

（1）自受孕之日起满 32 周或大于 32 周。

（2）婴儿能协调地吸吮和吞咽、全身一般情况稳定或吸吮过程中偶尔伴发呼吸暂停和心率减慢。

（3）已观察到有清醒状态。

具备上述指征就可以试喂。

## 十九、唇腭裂儿的哺乳

新生儿唇腭裂是一种先天的发育缺陷。有的新爸爸、新妈妈，看到自己的宝宝先天发育畸形，就会一下子紧张惶恐起来。他们不但会担心自己的宝宝有没有什么别的先天缺陷，而且还会顾虑宝宝能不能正常地吃奶。其实这种顾虑是不必要的。

### （一）腭裂宝宝的"喂奶法"

腭裂就是大家通常所说的"狼咽"。与唇裂新生儿不同的是，腭裂宝宝的口腔与鼻腔是相通的，这样吸吮时口腔内无法保持正常的负压，吃奶时就容易吸入空气，奶水会直接从鼻孔流出。如果奶水流入呼吸道，严重时会引起肺炎。所以，这类宝宝的喂养相比唇裂宝宝来说更加困难，新爸爸妈妈要特别注意。

喂养腭裂宝宝也可以采用母乳喂养和人工喂养两种方式。如果采用母乳喂养，要特别注意喂奶的姿势。应采取头高脚低的方式，把宝宝斜抱至与地面呈45°角，以免奶水流入鼻腔或者呼吸道。

如果采取人工喂养的方式，最好使用唇腭裂宝宝专用的奶瓶。严重的也可使用医用注射器针筒，前端连接橡胶头；或使用汤匙和滴管，也能达到理想效果。要掌握好喂奶的量，每次的奶量不要过多，以60～80毫升为宜。

需要特别注意的是：一旦喂奶过程中发现奶水从鼻孔流出来，就说明给宝宝喂奶的速度过快，需要立刻调整喂奶速度；如果宝宝鼻孔里奶水流出的量很多，则需要暂停喂奶，再用棉签将鼻孔中的奶水擦干净；如果喂奶时发生呛咳，不要惊慌，马上把宝宝的头朝下，轻轻拍背，这样奶水就不会流入呼吸道了。

### （二）非常严重的唇腭裂宝宝"喂奶法"

对于那些非常严重的唇腭裂宝宝或者吃奶、进食存在严重困难的宝宝，应及时到医院就诊，通过静脉输液补充营养，来帮助宝宝渡过暂时的难关。同时，也要用奶嘴对宝宝进行吸吮训练。

唇腭裂宝宝的喂养，最重要的是新爸爸、新妈妈们要对宝宝有足够的耐心，也要掌握一定的专业知识。在喂奶的过程中，要不断地总结经验、调整喂养方法，只有这样宝宝才会健康地成长。

## 二十、双胞胎的哺乳

能够一次拥有两个宝宝，是许多想当妈妈的人梦寐以求的福气，但是，身为双胞胎的父母，喜悦多了一倍，辛苦自然也多了一倍。怀双胞胎的准妈妈由于子宫过度膨大，常常不能足月分娩，所以双胞胎一般都是早产儿，往往先天不足，更应特别注意喂养。

### （一）母乳喂养

母乳仍是双胎或多胎儿首要的营养品，因为只有母乳才能适应早产儿消化功能不全的状况。大部分多胞胎妈妈的经验证明，纯母乳喂养双胞胎（乃至多胞胎）是完全可能的。另外，由于双胞胎体内贮糖量不足，产后更应尽早开始喂奶，勤喂奶，否则可发生低血糖，重者可影响宝宝大脑发育，甚至危及生命。

在喂养上应采取一个乳房喂养一个宝宝的方法。

每次喂奶时，可让两个宝宝互相交换吸吮一侧乳房，因为宝宝的吸吮能力和胃口有差异，每次交换吸吮，有助于两侧乳房均匀分泌更多的乳汁。如果母乳不够，可以采取混合喂养的方式。同时给两个宝宝喂母乳和早产配方奶粉，也可先只给小一点的婴儿喂母乳，而大一点的婴儿采取人工喂养，待小的婴儿体重赶上来后，再同时给予混合喂养。

一般建议在两个宝宝都得到母乳的前提下，每人再加牛奶或奶粉喂养。对缺乏吸吮能力的宝宝可用滴管滴入。奶量和浓度可随宝宝情况和月龄的增加而逐渐增加。

出生后半小时就可以喂5%糖水25～50克。这是因为双胞胎体内不像单胎足月儿有那么多的糖原贮备，如果饥饿时间过长，可能会发生低血糖。试喂糖水没有出现呕吐现象后，就可喂奶。

如果足月分娩的双胞胎，条件允许也可以提前尝试吸吮母乳。

早产双胞胎儿吸吮能力差，吞咽功能不全，容易发生呛奶，尽量坐起抱着喂奶比较安全。

月子期间是双胞胎妈妈最辛苦的时期，并将大大影响哺乳的成功率。最好是请个帮手在家帮忙"坐月子"。

有时双胞胎中一个比较体弱，要确定较弱的婴儿能够得到足够的奶水。可准备一种"双胞胎哺乳环垫"，这可以让你把两个宝宝放在上面

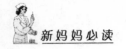

同时喂奶。和家人讨论好如何分担家务，使新妈妈可以全身心的喂养宝宝。

### （二）少量多餐喂养法

双胞胎发育不成熟，胃容量小，消化能力差，而且很容易出现溢奶，所以宜采用少量多餐的喂养方法，以免引起消化不良，导致腹泻。

喂奶时间：一般体重不足 1500 克的新生儿，每 2 个小时要喂奶 1 次，每 24 小时要喂奶 12 次；体重 1500～2000 克的新生儿，夜间可减少 2 次，每 24 小时喂奶 10 次；体重 2000 克以上的新生儿，每 24 小时要喂奶 8 次，平均每 3 个小时喂奶 1 次。采取这种喂法是因为双胞胎多见身体瘦小，热量散失较多，热能需要按体重计算比单胎足月儿多。

## 二十一、添加鱼肝油滴剂

鱼肝油滴剂又叫维生素 AD。因为人体的骨骼生长离不开维生素 D 和钙。维生素 D 可由人体皮肤接受日光照射而自然制成，而新生儿期不适合晒太阳，只能靠口服或注射维生素 D 来补充。所以，为预防佝偻病，要及时给新生儿补充维生素 AD 及钙片。具体的补充方法是：足月新生儿从出生后第 2～3 周开始服用浓缩鱼肝油滴剂（维生素 AD）。开始的时候每日 1 次，每次 1 滴；服用 1 周后，没有腹泻等不良反应，可以逐渐增到每日 2～3 次，每次 2～3 滴，每天总量不超过 10 滴，以防止引起中毒。在服用浓缩鱼肝油的同时加服乳酸钙或葡萄糖酸钙片，可研成细末，每日 0.5～1 克，温开水化开，用小匙或奶瓶喂下。早产儿或者双胞胎宝宝可以在出生后 1 周开始服用。如果服用中发现新生儿哭闹、烦躁不安、不想吃奶，要根据情况减少次数，每次减量。也可以在医生指导下进行服用。

## 二十二、给宝宝补锌

平时多吃含锌丰富的食品，如果有明显缺锌现象，应选用补锌的产品。

### 1. 食补

不满 6 个月的宝宝每天大约需锌 3 毫克，7～12 个月每天需锌 5 毫克，1～10 岁每天约需锌 10 毫克。每百克食物的含锌量约为：猪瘦肉 3.8 毫克、猪肝 4 毫克、鸡肝 5 毫克、蛋黄 3.4 毫克、海带 3.2 毫克、鱼虾8毫克。

**2. 药补**

如果缺锌较重或者缺乏上述食物的时候，就不得不借助药物了。硫酸锌：最早用于临床，但缺陷也多，长期服用可引起较重的消化道反应，比如恶心、呕吐甚至胃出血。葡萄糖酸锌：属于有机锌，仅有轻度的胃肠不适感，饭后服用可以消除，婴儿可以溶于果汁中喂服。

**3. 介于食补与药补之间**

复合蛋白锌：最为理想，也可认为是食补。它是来自于纯天然生物制品，锌与蛋白质结合，生物利用度高，口感也好，宝宝更乐于接受。

## 二十三、断奶的时间和方法

### （一）断奶的时间

世界卫生组织提倡喂奶到2～2.5岁。但是，如果妈妈的工作、生活等情况不允许，一般宝宝在8～10个月可以断奶，但断奶需慢慢来。宝宝的健康成长需要各种营养物质的补充，所以，逐步添加辅食直至顺利过渡到正常普食是一个必然的过程。但在断奶时机的把握上，年轻的妈妈常常操之过急，仓猝断奶，反而造成宝宝食欲的锐减。我们知道：婴儿的味觉很敏锐，而且对饮食是非常挑剔的，尤其是习惯于母乳喂养的宝宝，常常拒绝其他奶类的诱惑。所以，宝宝的断奶应尽可能顺其自然逐步减少，即便是到了断奶的年龄，也应为宝宝创造一个慢慢适应的过程，千万不可强求其难。正确的方法是：适当延长断奶的时间，酌情减少喂奶的次数，并逐步增加辅食的品种和数量，只要年轻的妈妈们对宝宝的喂养调整得当，相信宝宝们都能顺利通过"断奶"这一难关的。

随着孩子逐渐长大，母乳所供给的各种营养成分已不能满足小儿生长发育的需要，一般在9～12个月时可以断奶，在奶制品或其他代乳品缺乏的地区，断奶可适当延迟至1岁半左右。但断奶的月龄没有硬性规定，如果母亲奶多可多喂一段时间，一般到1岁左右断奶。母乳少，但小儿愿意同时吃牛奶或其他食品，也可多吃一段时间；如果母乳少，而小儿又不愿吃奶制品及其他食品的，则应早一点断奶，可提前到6个月就断奶了。

### （二）错误的断奶方法

（1）往奶头上涂墨汁、辣椒水、万金油之类的刺激物。对宝宝而言，这简直是残忍的"酷刑"。妈妈以为宝宝会因此对母乳产生反感而放弃母乳，效果却适得其反，宝宝不吓坏才怪呢，而且还会因恐惧而拒绝吃东西，从而影响了身体的健康。

（2）突然断奶，把宝宝送到娘家或婆家，几天甚至好久不见宝宝。断奶不需要母子分离，长时间的母子分离，会让宝宝缺乏安全感，特别是对母乳依赖较强的宝宝，因看不到妈妈而产生焦虑情绪，不愿吃东西，不愿与人交往，烦躁不安，哭闹剧烈，睡眠不好，甚至还会生病，消瘦。奶没断好，还影响了宝宝的身体和心理健康，实在得不偿失。

（3）有的妈妈不喝汤水，还用毛巾勒住胸部，用胶布封住乳头，想将奶水憋回去。这些所谓的"速效断奶法"，显然违背了生理规律，而且很容易引起乳房胀痛。如果妈妈的奶太多，一时退不掉，可以口服些回奶药，如乙烯雄酚每次 5 毫克，每日 3 次（乙烯雌酚 1 毫克 1 片，一次要吃 5 片），若吃后感到恶心，可加服维生素 $B_6$。断奶后妈妈若有不同程度的奶胀，可用吸奶器或人工将奶吸出，同时用生麦芽 60 克、生山楂 30 克水煎当茶饮，3~4 天即可回奶，切忌热敷或按摩。

### （三）正确的奶断方法

**1. 循序渐进，自然过渡**

断奶的时间和方式取决于很多因素，每个妈妈和宝宝对断奶的感受各不相同，选择的方式也因人而异。

**2. 速断奶**

如果你已经作好了充分的准备，你和宝宝也都可以适应，断奶的时机便已成熟，你可以很快给宝宝断掉母乳。特别是加上客观因素，如果妈妈一定要出差一段时间，那么很可能几天就完全断奶了。如果妈妈上班后不再吸奶，那么白天的奶也很快就会断掉。

**3. 逐渐断奶**

如果宝宝对母乳依赖很强，快速断奶可能会让宝宝不适，如果你非常重视哺乳，又天天和宝宝在一起，突然断奶可能有失落感。因此你可以采取逐渐断奶的方法：从每天喂母乳 6 次，先减少到每天 5 次；等妈妈和宝宝都适应后，再逐渐减少，直到完全断掉母乳。

**4. 少吃母乳，多吃牛奶**

开始断奶时，可以每天都给宝宝喝一些配方奶，也可以喝新鲜的全脂牛奶。需要注意的是，尽量鼓励宝宝多喝牛奶，但只要宝宝想吃母乳，妈妈就不应该拒绝宝宝。

**5. 断掉临睡前和夜里的奶**

大多数的宝宝都有半夜里吃奶和晚上睡觉前吃奶的习惯。宝宝白天活动量很大，不喂奶还比较容易。最难断掉的，恐怕就是临睡前和半夜里的喂奶了，可以先断掉夜里的奶，再断临睡前的奶。这时候，需要爸爸或家人的积极配合，宝宝睡觉时，可以改由爸爸或家人哄宝宝睡觉，妈妈避开一会儿。宝宝见不到妈妈，刚开始肯定要哭闹一番，但是没有了想头，稍微哄一哄也就睡了。断奶刚开始会折腾几天，直到宝宝一次比一次闹得程度轻，直到有一天，宝宝睡觉前没怎么闹就乖乖躺下睡了，半夜里也不醒了，好了，恭喜你，断奶初战告捷。

**6. 减少对妈妈的依赖，爸爸的作用不容忽视**

断奶前，要有意识地减少妈妈与宝宝相处的时间，增加爸爸照料宝宝的时间，给宝宝一个心理上的适应过程。刚断奶的一段时间里，宝宝会对妈妈比较黏，这个时候，爸爸可以多陪宝宝玩一玩。刚开始宝宝可能会不满，后来就习以为常了。让宝宝明白爸爸一样会照顾他，而妈妈也一定会回来的。对爸爸的信任，会使宝宝减少对妈妈的依赖。

**7. 培养孩子良好的行为习惯**

断奶前后，妈妈因为心理上的内疚，容易对宝宝纵容，要抱就抱，要啥给啥，不管宝宝的要求是否合理。这种做法要不得。

## 二十四、奶粉的选择

无论是什么原因要给孩子进行人工喂养，都涉及到奶粉的选择问题。市场上的奶粉品牌多种多样，如何选择合适的品种很有讲究，一般根据以下几种标准比较合适。

**（一）根据年龄段选择**

针对各个阶段的婴幼儿，奶粉的配方不尽相同，大致奶粉分为0～6个月，6个月～1岁，1～2岁，2岁以上，4～7岁或其他。妈妈们一定要针对宝宝的月龄选择合适的奶粉，因为处在不同成长期的宝贝，消化能力不同，每个阶段所需的营养比例也不同，配方奶粉一般根据宝宝各阶段的成长需要，添加该年龄段需要的营养成分。

**（二）成分要接近母乳**

目前市场上配方奶粉大都接近于母乳成分，只是在个别成分和数量上有所不同。根据国家标准，0~6个月婴幼儿奶粉的蛋白质含量必须达到（12~18克/100克，6个月~3岁婴幼儿奶粉的蛋白质含量必须达到（15~25克/100克，婴幼儿奶粉中最优的蛋白质比例应该接近母乳水平，即乳清蛋白：酪蛋白为6：4。母乳中的蛋白质有27%是α-乳清蛋白，其氨基酸组合佳，还含有调节睡眠的神经递质，促进大脑发育，所以要首选α-乳清蛋白含量较接近母乳的配方奶粉。

### （三）包装要合格

一般市面上的罐装奶粉或是袋装奶粉，包装上都会就其配方、性能、适用对象、使用方法进行必要的说明。按国家标准规定，在外包装上必须标明厂名、厂址、生产日期、保质期、执行标准、商标、净含量、配料表、营养成分表及食用方法等项目。若缺少上述任何一项最好不要购买。选购袋装奶粉的时候，双手挤压一下，如果有漏气、漏粉或袋内根本没有气体，说明该袋奶粉已经潜伏质量问题。

### （四）注意手感、颜色和口感

罐装奶粉一般可以通过摇动罐体判断。奶粉中若有结块，有撞击声则证明奶粉已经变质，不能食用。袋装奶粉的鉴别方法则是用手去捏，如手感比较松软平滑，内容物有流动感，则为合格产品。如手感凹凸不平，并有不规则大小块状物，则该产品为变质产品。在购买产品后，可将部分奶粉倒在洁净的白纸上，将奶粉摊匀，观察产品的颗粒、颜色和产品中有无杂质。质量好的奶粉颗粒均匀，无结块，颜色呈均匀一致的乳黄色，杂质量少。如产品中有团块，杂质较多，反映产品质量较差。奶粉中若颜色呈白色或面粉状，则说明产品中可能掺入了淀粉类物质。质量好的奶粉冲调性好，冲后无结块，液体呈乳白色，品尝奶香味浓；反之，奶粉很难溶于水中，品尝奶香味差，甚至无奶的味道，或有特殊香味。

## 二十五、奶粉的冲泡

家庭用自来水冲泡婴儿奶粉营养最佳。

现在不少婴儿是母乳和奶粉混合喂养，该用什么水冲泡奶粉是热议话题。专家指出，现在水的种类很多，但冲泡婴儿奶粉仍提倡家庭用自来水，自来水的质量符合标准，将其煮沸后，放凉至40℃左右就可用了。

再按照比例加入奶粉，搅拌均匀

先倒温开水

图4　奶粉的冲泡

给婴幼儿冲泡奶粉的注意事项：给婴幼儿冲泡奶粉时，水温的控制是十分重要的。如果用过热的水冲泡，不仅会使奶粉结块，而且会破坏奶粉的营养成分，导致营养成分丢失。如果水温偏低，则不易泡化，直接影响奶粉的溶解和宝宝的消化吸收。

所以，冲泡奶粉用40℃~60℃的温开水为宜，一般可以通过下面两种方法获得。

（1）热开水自然晾凉至40℃~60℃，或者置于冷水中加速冷却至40℃~60℃。

（2）如果着急使用，可以用冷热开水混合至40℃~60℃。

用40℃~60℃的温开水冲泡奶粉，不仅有利于加快化学反应的速度，促使糖、奶粉等在液体里的溶解，调出比较均匀的溶液，且能保证奶粉里的营养物质不被破坏。

值得注意的是，以下误区爸妈可千万要避免。

**误区一　用煮沸的白开水冲泡奶粉**

有的爸妈以为，幼小的宝宝抵抗力差，我们得倍加呵护。既然对宝宝使用的奶瓶、奶嘴都要经过高温消毒，那么，不能消毒的奶粉也至少应该用沸水冲调才对，这样才安全。于是就把奶粉先倒入奶瓶，接着将开水冲入。这样做的直接后果是奶粉结块，无法充分溶解，蛋白质也被破坏了。宝宝吃了这样的奶，既难以消化，又没法获得需要的营养成分。

**误区二　用冷水冲调**

适当的温度是催化剂，能加快化学反应的速度；糖、盐、奶粉等在温水里比较容易溶解，调出来的溶液比较均匀。如果水温偏低，奶粉不易泡化，直接影响奶粉的溶解和宝宝的消化吸收。

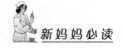

### 误区三　用纯净水冲泡奶粉

纯净水失去了普通自来水的矿物元素，而人从水中对钙吸收率可以到90%以上，所以不宜用纯净水冲牛奶。纯净水所含的营养成分极低，而且还含有少量的细菌（空气中进入的占大数）。

### 误区四　用矿泉水冲泡奶粉

矿泉水中的元素含量基本是针对成年人的标准来设计的，其含量和比例并不适合婴儿摄入，尤其是某些元素还对婴儿有害。婴儿肠胃消化功能还不健全，矿泉水中过多的磷酸盐、磷酸钙，会引发婴儿消化不良和便秘。

### 误区五　用高汤冲泡奶粉

有的家长觉得高汤营养价值高，会代替水来给宝宝冲奶粉，其实是不可取的。婴儿消化系统发育尚不健全，用高汤来冲泡奶粉对宝宝不利，长期食用容易造成消化不良，也会增加宝宝肾脏负担。

正确的奶粉冲泡方法如下。

首先，冲泡奶粉前要洗净双手、消毒奶瓶。在洗手时，一定要用力搓洗约30秒，再用流动水冲干净。消毒奶嘴、奶瓶不要仅仅用开水烫一下，应用沸水煮5~10分钟。

第二，煮沸用于冲泡奶粉的自来水，调好水量再按比例将奶粉放入奶瓶内。自来水煮沸1~2分钟，不宜超过5分钟，时间太长可使水中的铅和硝酸盐浓缩。然后晾凉至适当的温度（40℃~60℃），将水滴至自己手腕内侧，感觉与体温差不多即可放入奶粉。如果无法等到开水冷却，可以用冷热开水相互调和。一般奶粉和水的比例为1∶60或者1∶30，也可根据奶粉包装上的说明来调配。但不能任意改变浓度，否则易造成宝宝排便状况改变。

第三，把奶粉倒入奶瓶后，应立即左右轻轻摇晃，切勿上下摇晃，以免产生泡沫或奶粉堵住奶孔。选择奶嘴时，应选择弹性较好的材质，对于6个月以下的宝宝，用圆孔奶嘴较适合。十字孔奶嘴适合吞咽能力好的较大的宝宝。

## 二十六、奶瓶喂奶的技巧

奶瓶与宝宝似乎有着不解之缘，不管是母乳喂养还是人工喂养的宝宝，都需要与奶瓶打交道。对于新妈妈来说，奶瓶喂养可有不少技巧需要学习。

### （一）奶瓶喂养前的准备工作

（1）妈妈需扎好或夹好头发，避免喂奶时散落在宝宝脸上引起不适。

（2）除去手表、戒指等物品，并将双手冲洗干净。

（3）寻找好一个舒适、安静的喂奶环境。

（4）不管是解冻加热后的预存母乳还是刚泡好的配方奶，先滴几滴奶水在妈妈的手腕内侧，试试温度是否合适。

### （二）安全舒适的奶瓶喂养法

妈妈先用轻柔的声音和宝宝说话，安抚其情绪，并帮宝宝系上围嘴。小心地将宝宝从婴儿床上抱起，抱起时用手托住宝宝的颈部。以摇篮式的手法将宝宝斜抱（呈45°角），并在喂奶椅上坐稳。妈妈用手托住奶瓶瓶身，让奶水充满整个奶嘴和瓶颈后再放入宝宝口中，避免他吸入过多的空气。在喂奶的过程中，妈妈应与宝宝说话互动，使宝宝保持愉快的情绪。喂完奶后，用纱布巾将宝宝的嘴巴擦拭干净。用直立式抱法将宝宝的下巴靠在妈妈的肩膀上，用空心掌由下往上地轻拍宝宝的背部，直到宝宝打出嗝为止。

### （三）奶瓶喂养的注意事项

喂的时候妈妈一定要将宝宝抱紧，让宝宝能闻到妈妈身上的气味，以增加宝宝的安全感。

要留意奶嘴孔的大小是否合适。因为奶嘴孔的大小会影响到奶水的流量，如果孔太小，宝宝吸奶就非常费劲，时间一长就会使他对吸奶失去兴趣；如果孔太大，奶水流量过快，容易使宝宝呛着。

不要让宝宝独自一人躺着吸奶，那样容易连成窒息。

不要强迫宝宝每餐一定喝完奶瓶里的奶，勉强只会让宝宝吐奶。

## 二十七、哺乳后的打嗝排气

帮宝宝拍嗝的正确姿势如图5所示。

### 1. 直立抱法

不论是站还是坐，妈妈都要将宝宝尽量直立抱在肩膀上，以手部及身体的力量将宝宝轻轻扣住，再以手掌轻拍在宝宝的上背部即可。

**2. 端坐抱法**

妈妈坐着，让宝宝朝向自己坐在大腿上，一只手撑在宝宝的头、下颚及肩膀之间，另一只手轻拍宝宝的上背部即可。

**3. 侧趴抱法**

妈妈坐好，双腿合拢，将宝宝横放，让其侧趴在腿上，宝宝头部略朝下。妈妈以一只手扶住宝宝下半身，另一只手轻拍宝宝上背部即可。

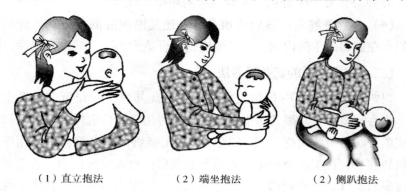

（1）直立抱法　　　　　（2）端坐抱法　　　　　（2）侧趴抱法

图5　哺乳后的打嗝排气

# 二十八、加入固体辅食的时机

母乳是宝宝最好的营养，它完全可以满足4个月前宝宝的生长发育需要，通常宝宝1~3个月时，只需喝少量的菜水、果汁，补充一定的维生素，不需任何辅食。实际上，许多宝宝都无法适应过早添加辅食。有的母亲担心母乳不足影响了宝宝的发育，希望给宝宝更多的营养，过早地给宝宝添加辅食，这样做常常会适得其反，对宝宝身体健康不利。过早地吃米粉等辅食，可导致蛋白质摄入不足，影响体格生长和脑发育。有的母亲觉得母乳充足，有足够的营养喂养宝宝，因而选择推迟添加辅食；也有的父母觉得添加辅食太麻烦，特别是宝宝刚开始学习时会弄得一塌糊涂，父母索性将米粉、奶糊装进奶瓶让宝宝喝，或者干脆推迟添加辅食。其实宝宝出生4个月后的母乳中铁的含量越来越少，需要从辅食中得到补充。

学习吃辅食对宝宝而言是一种全新的尝试，不仅可以获得更多的营养，刺激牙齿、口腔发育，训练咀嚼及吞咽功能，更是宝宝迈上新的成长阶梯的起点。一般从宝宝出生后4~6个月开始就可以给宝宝添加辅食了。混合喂养或人工喂养的宝宝 4 个月以后就可以添加辅食了。世界卫生组织是提倡宝宝出生后 4～6 个月添加辅食的，而且是从菜泥、果泥加起。而纯母乳喂养的宝宝要晚一些，但每个宝宝的生长发育情况不一样，个体差异也不一样，因此添加辅食的时间也不能一概而论。

## 二十九、辅食的选择

### （一）据制作工艺，辅食可分为自制辅食和商业辅食

**1. 自制辅食**

通常指利用家庭自备的大米、蔬菜、水果或其他高营养食品为原料，利用家庭做法，研磨、烹制，自行调制而成的汤、粥、泥状供婴儿食用的，可消化吸收的，能够为婴儿提供所需营养的辅助婴儿食品。

**2. 商业辅食**

特指通过现代先进工艺设备，科学搭配，批量研发、生产，并特别加入各种宝宝健康发育成长所需稀缺营养元素，在各大商超、婴童店等进行售卖的婴儿辅助营养食品。

### （二）按辅食性状分类

根据不同性状，辅食可分为液体食物、泥糊状食物和固体食物三大类。

（1）液体食物　主要指果汁、菜水一类可饮用的食物。

（2）泥糊状食物　可分为两大类：一是工业化泥糊状食物，包括米粉和瓶装泥糊状食物；二是家庭制作的泥糊状食物。

（3）固体食物　指比泥糊状食物更成型，但比成人固体食物更为细软的食物。

根据不同来源，宝宝食物分为植物来源性食物和动物来源性食物两大类。

①植物来源性食物　包括谷类食物，如米面、蔬菜、水果等。

②动物来源性食物　包括肉类、禽类和奶类、蛋类等。

### （三）添加辅食的方法

**1. 从一种到多种**

不可一次给宝宝添加好几种辅食，那样很容易引起不良反应。开始只添加一样，如果 3～5 天内宝宝没有出现不良反应，排便正常，可以让宝宝尝试另外一种。

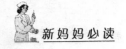

**2. 从流质到固体**

按照"流质食品－半流质食品－固体食品"的顺序添加辅食。如果一开始就给宝宝添加固体或半固体的食品，宝宝的肠胃无法负担，难以消化，会导致腹泻。

**3. 量从少到多**

可以一开始只给宝宝喂一两勺，然后到四五勺，再到小半碗。刚开始添加辅食的时候，每天喂 1 次，如果宝宝没有出现抗拒的反应，可慢慢增加次数。

**4. 不宜久吃流质食品**

如果长时间给宝宝吃流质或泥状的食品，会使宝宝错过咀嚼能力发展的关键期。咀嚼敏感期一般在 6 个月左右出现，从这时起就应提供机会让宝宝学习咀嚼。

**5. 辅食不能替代乳类**

有的妈妈认为宝宝既然已经可以吃辅食了，从 6 个月就开始减少宝宝对母乳或其他乳类的摄入，这是错误的。这时宝宝仍应以母乳或牛奶为主食，辅食只能作为一种补充食品，否则会影响宝宝的健康成长。

**6. 遇到不适马上停止**

给宝宝添加辅食的时候，如果宝宝出现过敏、腹泻或大便里有较多的黏液等状况，要立即停止给宝宝喂辅食，待恢复正常后再开始（过敏的食物不可再添加）。

**7. 不要添加剂**

辅食中尽量少加或不加盐和糖，以免养成宝宝嗜盐或嗜糖的不良习惯。更不宜添加味精和人工色素等，以免增加宝宝肾脏的负担，损害肾功能。

**8. 保持愉快的进食氛围**

选在宝宝心情愉快和清醒的时候喂辅食，当宝宝表示不愿吃时，不可采取强迫手段。给宝宝添加辅食不仅仅为了补充营养，同时也是培养宝宝健康的进食习惯和礼仪，促进宝宝正常的味觉发育，如果宝宝在接受辅食时心理受挫，会给他带来很多负面影响。

## 三十、如何帮助宝宝进食

### （一）教宝宝学吃饭的时机

（1）宝宝吃饭的时候喜欢手里抓着饭。

（2）已经会用杯子喝水了。

（3）当勺子里的饭快掉下来的时候，宝宝会主动去舔勺子。

## （二）**自己动手，学会技巧**

1岁左右，宝宝会喜欢跟成人在一起上桌吃饭，不能因为怕他"捣乱"而剥夺了他的权利，可以用一个小碟子盛上适合他吃的各种饭菜，让他尽情地用手或勺子喂自己，即使吃得一塌糊涂也无所谓。其实，宝宝在自己动手的过程中，就慢慢学会了吃饭技巧。当然，你也可以在这个过程中帮助宝宝。如果宝宝总喜欢抢勺子的话，妈妈可以准备两把勺子，一把给宝宝，另一把自己拿着，让他既可以练习用勺子，也不耽误把他喂饱。教宝宝用拇指和食指拿东西。给宝宝做一些能够用手拿着吃的东西或一些切成条或片的蔬菜，以便他能够感受到自己吃饭的怎么回事，如土豆、红薯、胡萝卜、豆角等，还可以准备香蕉、梨、苹果和西瓜（把籽去掉）、熟米饭、软的烤面包等。

## （三）**妈妈也要学"技巧"**

（1）1岁左右的宝宝最不能容忍的就是妈妈一边将其双手紧束，一边一勺一勺地喂他。这对宝宝生活能力的培养和自尊心的建立有极大的危害，宝宝常常报以反抗或拒食。

（2）宝宝并不见得一定是想要自己吃饱饭，他的注意力是在"自己吃"这一过程，如果只是为训练他自己吃饭，不妨先喂饱了他，再由着他去满足学习和尝试的乐趣。

（3）当宝宝自己吃饭时，要及时给予表扬，即使他把饭吃得乱七八糟，还是应当鼓励他。如果妈妈确实担心宝宝把饭吃得满地都是，可以在宝宝坐着的椅下铺几张报纸，这样一来等他吃完饭后，只要收拾一下弄脏了的报纸就行了。

（4）1岁的宝宝可以吃成人吃的饭菜了。妈妈做饭的时候，在准备放盐和其他调料之前，应该把宝宝的那份饭菜留出来。

（5）千万不要给宝宝吃可能会呛着他的东西，最好也别让他接触到圆形、光滑的食物或硬的食物，比如爆米花、花生粒、糖块、葡萄或葡萄干等。

（6）给宝宝选择一个自己就餐的座位，最好让他坐在安静不受干扰的固定地方。不玩、不看电视以免吃饭时分散注意力。

（7）餐桌上，成人谈话的内容最好与宝宝吃饭有关，以吸引他的兴趣。

（8）吃饭的时候千万不要责骂宝宝，唠叨不停，给宝宝进行一天行为的"总结"，说宝宝这不好那不好，这样做会引起宝宝反感而不肯吃饭。

（9）允许宝宝吃完饭后先离开饭桌，但不能拿着食物离开，边玩边吃，这样宝宝才会明白，吃和玩是两回事，要分开来做，否则不安全，也不快乐。

（10）宝宝比大人容易饿，但因为能力有限吃得比较慢，所以可以让宝宝先上饭桌吃。

### （四）良好习惯不能少

良好的饮食习惯直接关系到宝宝的身体健康，所以不仅要保持宝宝进餐环境的清洁、整齐、安静、愉快，还有必须从刚学习吃饭那天起就培养宝宝良好的进食习惯。

（1）注意培养宝宝对食物的兴趣和好感，尽量能引起他旺盛的食欲。

（2）大人不要在孩子面前议论某种食物不好吃，某种食物好吃，以免造成宝宝对食物的偏见，这可是挑食的前提。几乎所有的孩子都会认定爸爸妈妈认为不好吃的东西一定不好吃。

（3）培养良好的进餐习惯。如饭前、便后要洗手；吃饭时安静不说话，不大笑，以免食物呛入气管内等。

（4）要适时地、循序渐进地训练宝宝自己握奶瓶喝水、喝奶，自己用勺、筷、碗进餐，熟悉每件餐具的用途，尽早养成独立进餐的习惯。

（5）宝宝进餐时间不宜过长，即使是吃零食，也不能养成边吃边玩、边吃边看电视的习惯。

（6）饭前不吃零食，尤其不要吃糖果、巧克力等甜食，以免影响食欲。

### （五）"手抓饭"有好处

1岁宝宝吃饭时往往喜欢用手抓，许多家长都会竭力纠正这样"没规矩"的动作。但是，育儿专家提出，只要将手洗干净，家长应该让1岁的宝宝用手抓食物来吃，因为这样有利于宝宝以后形成良好的进食习惯。

"亲手"接触食物才会熟悉食物。宝宝学"吃饭"实质上也是一种兴趣的培养，这和看书、玩耍没有什么两样。起初的时候，他们往往都喜欢用手来拿食物、用手来抓食物，通过抚触、接触等初步熟悉食物。用手拿、用手抓，就可以掌握食物的形状和特性。从科学角度而言，根本就没有孩子不喜欢吃的食物，只是在于接触次数的频繁与否。而只有这样反复"亲手"接触，他们对食物才会越来越熟悉，将来就不太可能挑食。

手抓饭让宝宝对进食信心百倍。1 岁宝宝手抓食物的过程对他们来说就是一种愉悦。专家建议，只要将手洗干净，1 岁左右的孩子甚至可以"玩"食物，比如米糊、蔬菜、土豆等，到 18 个月左右再逐步教宝宝用工具吃饭，培养宝宝自己挑选、自己动手的愿望。这样做会使他们对食物和进食信心百倍、更有兴趣，促进良好的食欲。

# 第三章 一般护理

## 一、新生儿保健要点

### （一）保暖

新生儿特别是早产儿及低出生体重儿的体温调节中枢发育不完善，调节功能差，体温易随环境温度变化而变化。新生儿居室最好选择温暖安静、通风良好、清洁朝阳的房间。

室内温度宜保持在 22℃～24℃，湿度在 60% 左右，如果环境温度过低，容易发生硬肿症。寒冷季节要做好保暖工作，当室温低于 15℃ 时应取暖，取暖设备无法达到室温要求时可以用暖水袋保暖。要注意暖水袋应放在包被外边，以免烫伤新生儿。在农村环境条件较差的地方，也可将新生儿抱在成人怀中，用成人体温帮助新生儿保暖。冬天睡暖炕也不失为保暖的好方法。在家中可用热水袋和棉被保暖。热水袋放在棉被外面，并常换热水，保持温度恒定，避免烫伤。换尿布和清洁处理时动作要快。

酷暑时要注意室内通风，传统坐月子门窗禁闭的方法是错误的。空调和电扇都可以使用，但需要注意电扇不要直吹新生儿，空调温度调在 25℃～30℃左右，与室外温差小于 10℃，不要长时间开放即可。长时间用空调，室内温度恒定无温差是不利于新生儿体温调节功能发育的。此外，室内湿度应控制在 55% 左右。

过于干燥的空气会增加新生儿呼吸道感染的机会。用加湿器、地上洒水、暖气上放湿布、炉子上坐水壶等方法均可增加湿度。为保持室内空气清新，家人不能在有新生儿的室内吸烟，以免造成小环境污染，危害新生儿健康。

室温适宜的时候宝宝不能穿着太厚、包裹过严。有人用新里、新面、新棉花给新生儿做"三新"衣被，棉花又絮得过厚，加之室温高、不通风、包裹严、水分补充不及时等因素导致婴儿发热、呼吸快、烦躁，甚至惊厥，这叫脱水热，对小婴儿来说也是十分危险的。

### （二）保持皮肤清洁

（1）洗澡宜每天一小洗（洗头和屁股），三天一大洗（全身洗）。脐带未脱落前洗澡时要防止脐带污染，且用温热流动水，中性香皂。

（2）新生儿的内衣经常换洗。宜用中性皂，不能用洗衣粉等刺激性较强的洗涤剂。

（3）皮肤皱褶处，洗后用布轻轻擦干。撒上少许滑石粉。

（4）经常检查皮肤有无感染。

（5）尿布要软（棉织品），吸水性强、勤洗勤换、用温开水洗臀部，防止发生尿布疹。

（6）脐部护理 脐带未脱落前要保持包布干燥，如果沾湿，要用消毒纱布更换。脐窝潮湿或有浆液性分泌物时，每天用75%酒精擦净，盖以消毒的干纱布。脐带断端如果有肉芽组织增生，可用75%酒精或生理盐水洗净，再以5%～10%硝酸银点灼。脐部感染应及时找医生治疗。

## 二、新生儿喂养

### 1. 早开母乳

尽早开始哺喂母乳，其好处有以下几个方面：可以防止新生儿低血糖；有利于母子感情的建立；可促进母乳分泌；初乳（最初分泌的乳汁，略带黄色、稠）中含有多种抗体，可增强抗病能力。

### 2. 开奶时间

世界卫生组织提倡新生儿断脐后即可哺母乳。我国习惯上在足月新生儿出生后2～4小时即可开奶；早产儿也应强调早开奶，体重2300克以上的早产儿，一般情况良好者，产后3～6小时即可试喂5%葡萄糖水1～2次后无呕吐即可喂奶；体重在2390克以下的新生儿，可把母乳吸出装入奶瓶喂哺或用滴管喂哺。低出生体重的新生儿一般情况良好者，鼓励吸吮母乳，为防止低血糖，可在生后4小时喂5%～15%葡萄糖水，如果能承受，可以改为母乳；有窒息的新生儿，开奶喂奶时间可延迟到48小时以上。

### 3. 喂养方法

孕妇在孕中期就要开始做母乳喂养的准备工作（做好乳房护理，防止乳头皲裂，经常牵拉乳头，以避免哺乳时乳头下陷）。喂奶前给新生儿换好尿布。喂奶前母亲应该洗手，用温开水擦洗乳头，挤掉几滴奶后再哺喂。母亲坐位喂奶，注意乳房不要堵塞新生儿的鼻孔。两侧乳房交替喂奶。喂后竖起宝宝，轻拍背部，以避免呕吐。喂奶后宝宝采取右侧卧位。对低出生体重儿、早产儿或吸吮能力弱者，可以缩短喂奶时间；也可以将母乳挤出，用小滴管喂，哺乳用具要保持清洁（可采用煮沸的方法进行消毒）。

**4. 喂奶时间**

世界卫生组织提倡不定时喂奶，需要喂时即可随时喂奶。对新生儿喂奶间隔时间不作硬性规定，尽量延长夜间的间隔时间。每次喂奶时间以 20 分钟为宜。

## 三、新生儿预防感染

（1）保持室内空气新鲜、清洁。

（2）新生儿用具要专用，保持清洁。

（3）保持皮肤清洁，加强脐带护理。

（4）加强口腔保健，不要挑"马牙子"。

（5）避免交叉感染，母亲患感冒时应戴口罩。

（6）妈妈应养成接触孩子前先洗手的习惯。每次喂养前不但要洗手，还应用温水洗乳房，以避免"病从口入"。

（7）父亲下班回家最好先洗脸、洗手、换衣服，然后再接触孩子。其他家人也不要进门就抱孩子、亲孩子。新生儿期应减少客人访视，即使再亲密的朋友最好也不要亲孩子，以免带给他病菌。

（8）及时发现疾病，及时治疗。

## 四、抱新生儿的方法

刚刚到世上来的新生儿，身体还没有支撑力，全身软绵绵的。如果每天适当抱抱宝宝的话，对促进宝宝生长发育是很有帮助的。

**1. 横抱法**

首先用左手掌托住宝宝的头、颈部，再用右手托住宝宝的臀部，然后托起慢慢地抱向自己的前胸，用手臂环抱住宝宝的躯干，让宝宝安全地靠在

图 6　新生儿横抱法

怀里，这也是一种最常用的抱新生儿的方法。

### 2. 竖抱法

此法是用以上方法先横抱到怀里，然后再将宝宝竖起来，将宝宝的头侧靠在肩部。宝宝也可以斜抱，用右手肘托宝宝的头、颈部、左手托住宝宝的臀部（屁股），让宝宝斜着躺在怀抱里，这样抱的好处是能防止宝宝吃饱后漾奶。

图7　新生儿
竖抱法

## 五、新生儿皮肤护理

新生儿肌肤的特点：免疫系统尚未完全发育成熟，抗感染的能力较差，皮肤易受到各种病菌的感染，皮肤角质层较薄，渗透性要比成人强，一些成人护肤品及外用药，特别是激素类制剂和偏酸性或偏碱性的化学类物质，很容易被新生儿皮肤吸收，产生不良反应并使皮肤失去天然屏障作用；新生儿皮脂腺分泌较为活跃，吃的乳制品多，油脂分泌过多，给病菌繁殖提供了有利条件。

针对新生儿肌肤的上述特点，可以采取以下护理新生儿肌肤的措施。

### 1. 选择适宜的衣物

一般来讲，新生儿的衣物都应以棉质、宽松、浅色为宜，避免给新生儿穿紧身的衣物。被子也应使用棉布或棉毛巾被，避免使用化学纤维材质。同时，因为新生儿的身体发育迅速，身体变化非常快，所以，不同月龄的宝宝，衣物选择的要点也不尽相同。新生儿的衣物应为吸水性好、透气性强的纯棉织品。化纤织品吸水和透气性较差，还会引起某些宝宝发生皮肤过敏，所以宝宝的内衣和尿布最好不用化纤织品。衣物要容易穿脱，上衣不要有扣子和较长的带子，裤腰不要用过紧的松紧带以免影响胸廓的发育，造成肋外翻等胸廓畸形。如为连衣裤，应选择较宽松并且前开口的，便于随时更换尿布。袜子也应宽松柔软，特别是袜口不要太紧，以免影响足踝部血液循环。

### 2. 护肤品必不可少

宝宝护肤品的选择原则只有两个字，那就是"简单"；它的功效也只突出一个，那就是"滋润"。宝宝的护肤品分为乳液（润肤露）、润肤霜和润肤油。乳液一般含有天然滋养成分，能有效滋润皮肤；润肤霜一般含有保湿因子，是秋冬季最常用的护肤产品；而润肤油则含有天然矿物油，预防干裂和滋润皮肤的效果更强一些。此外，爽身粉可防止皮肤皱褶处糜烂；护臀霜或食用油可用来预防尿布疹。

**3. 根据环境气候变化，及时采取保护措施，每天都应该保持一定的通风时间**

寒冷、风大的时候要减少户外活动；有事外出时，要提前半小时给宝宝的面部和双手涂上护肤油，并戴上围巾和手套，避免寒风直吹皮肤。需要注意的是，宝宝汗腺的分布比成人密集，排汗功能较差，如果穿的衣物过多，造成大量出汗，同时汗渍又不被及时清除的话，宝宝不但容易着凉，还很容易生痱子。如果宝宝长有湿疹，还会令湿疹加重。所以防寒的同时，一定要注意衣物薄厚适中。

## 六、新生儿沐浴

### （一）给新生儿洗脸、洗头的方法

出生后第1周内，宝宝脐带未脱落时，可采用"分段沐浴法"：脱下宝宝衣服，并将此衣服包裹于胸腹上，暂时用来保暖。开始洗脸、洗头及颈部，注意勿使水流入耳内。用左肘部和腰部夹住宝宝的屁股，左手掌和左臂托住宝宝的头，用右手慢慢清洗。见图8。

（1）洗面　用洗脸的纱布或小毛巾沾水后轻轻拭擦。

（2）洗眼　由内眼角向外眼角擦。

（3）洗额　由眉心向两侧轻轻拭擦前额。

（4）洗耳　用手指裹毛巾轻轻拭擦耳廓及耳背。

　（1）洗面法　　　　　（2）洗耳法　　　　　（3）洗头法

图8　新生儿沐浴法

（5）洗头　将婴儿专用、对眼睛无刺激的洗头水倒在手上，然后在宝宝的头上轻轻揉洗，注意不要用指甲接触宝宝的头皮。如果宝宝头皮上有污垢，可在洗澡前将婴儿油涂抹在宝宝头上，这样可使头垢软化而易于祛除。然后将新生儿头上的洗发水洗干净。

**（二）给新生儿洗身的方法**

（1）如果新生儿的脐带还未脱落，应该上下身分开洗，以避免弄湿脐带，引起炎症。先洗上身，采取洗头时同样的姿势，依次洗新生儿的颈、腋、前胸、后背、双臂和手。然后洗下身，将宝宝的头部靠在左肘窝，左手握住宝宝的左大腿，依次洗阴部、臀部、大腿、小腿和脚。由于新生儿的脐带断端是一个创面，如果护理不当，细菌可以通过脐部进入人体内造成败血症，威胁新生儿的健康。所以脐部的护理主要是保持清洁干燥，

图9　新生儿洗身法

沐浴时不要碰湿脐部，然后用75%酒精棉棒消毒脐带根部和周围皮肤，再用消毒纱布覆盖（脐带干燥后无需盖纱布）。见图9。

（2）如果新生儿的脐带已脱落，那么在洗净脸及头颈部之后，就可将宝宝颈部以下置入浴盆中，呈仰卧的姿态，由上而下洗完后，将宝宝改为伏靠的俯卧姿势，以洗背部及臀部肛门处。最后，用双手为支托并抓稳宝宝肩部，抱离水中，放在大浴巾上，抹干全身。整个过程中，身体的皱褶及弯曲部位，要特别注意洗净擦干，而且动作要轻柔，使宝宝有安全感。

**（三）给新生儿洗澡的注意事项**

（1）给新生儿洗澡的人要剪去指甲，洗澡前要将宝宝替换的衣服，按穿的顺序摆放好。准备好洗澡专用的婴儿香皂、洗浴液与爽身粉等用品和浴布、毛巾、纱布、棉签等用品。

（2）要关好门窗，室温保持在24℃～28℃，水温37℃～40℃（没有水温计的时候可以用胳臂肘试一试，感到温适就行）。

（3）新生儿皮肤很嫩，一定要轻洗轻擦，千万不能搓伤或者擦伤皮肤。

（4）每天洗澡的时间，最好在中午喂完两顿奶之间，或者喂奶1小时后再洗。每次洗5～7分钟，洗澡时间太长，新生儿会感到疲劳，容易生病。

（5）洗澡的时候要用大拇指和食指堵住新生儿的耳朵，以避免洗

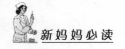

澡水进入耳朵眼。见图 10。

（6）洗完澡擦干的时候要特别注意腋下、颌下、大腿根等处，擦眼的时候要从外眼角向内眼角擦，擦肚脐、耳朵要用干纱布或棉棒。最后用婴儿专用梳子轻轻地梳理头发。

洗澡的时候要用大拇指和食指堵住新生儿的耳朵，以避免洗澡水进入耳朵眼

图 10　新生儿洗澡法

（7）用酒精棉球或棉签消毒肚脐，用干棉棒擦干耳朵、鼻腔外的水珠。洗后用吸水好的柔软毛巾轻轻擦干新生儿的身体，再抹上婴儿专用的润肤油。最后穿上干净衣物。

### （四）哪些新生儿不适合洗澡

经常给新生儿洗澡，不仅可以达到清洁卫生的目的，而且能够促进其血液循环和生长发育。但是，有下列特殊情况的新生儿不适合洗澡。

（1）早产儿及低体重儿（低于 2500 克以下）。

（2）生病呕吐、腹泻，如果洗澡可能加重病情。

（3）患荨麻疹（痒痒疙瘩）、脓疱疮等某些皮肤病或烫伤等皮肤损伤的时候也不适合洗澡，不然的话，会引起感染。但可以在医生指导下给宝宝用一些中药煎水擦洗。

（4）高热后退烧不到 48 小时也不适合洗澡，因为这时宝宝身体比较虚弱，洗澡的时候容易受凉，造成疾病复发。

### （五）新生儿洗澡后的护理

用浴巾裹住新生儿全身的时候，可以留出脐部，用酒精棉棒从中间向外清洗脐部，注意保持脐部的干燥和清洁。如果脐部发红、出脓液或有难闻的气味，就应该找医生处理。通常在皮肤皱褶处，可替宝宝抹些爽身粉，使他（她）感到干爽舒适。在宝宝的臀部涂上护肤油，防止尿液刺激皮肤产生尿布疹。给宝宝围上尿片，穿上衣服。但宝宝不宜紧紧地裹在"蜡烛包"中，应放松他的手脚，让他自由地活动，这有利于呼吸和血液循环，以促进生长发育。如果宝宝脸部皮肤干燥，还可以在脸上涂抹少量的滋润油，使皮肤保持湿润、光滑。值得注意的是，市售的护肤油、爽身粉等婴儿用品，只有当宝宝皮肤上没有任何疾

图 11 新生儿洗澡后的护理

病时，才可以适量使用。而且这些油或粉不可直接洒于新生儿皮肤上，要先洒在妈妈爸爸的手上，再抹在宝宝身上。如果肌肤有疹块、红臀等情形，要保持干燥，按医生嘱咐涂药。

## 七、新生儿穿衣与更衣

### （一）如何给新生儿选择衣物

**1. 质地**

宝宝的衣服应选择纯棉或纯毛的天然纤维织品，因为天然纤维织品会使宝宝更好地调节体温。纯棉的衣服摸起来手感非常柔软，但要特别注意宝宝衣服的腋下和裆部是否柔软，因为这些地方是宝宝经常活动的关键部位，如果面料不好会导致宝宝皮肤受损。

**2. 款式**

对新生儿来说，前开衫或宽圆领的衣服最佳，因为宝宝不喜欢自己的脸被衣物遮着，而前开衫的衣服也方便妈妈为孩子穿脱和更换尿布，并能减少宝宝身体裸露的机会。

**3. 颜色**

宝宝的内衣裤应选择浅色花型或者素色的，因为一旦宝宝出现不适和异常，弄脏了衣物，妈妈就能及时发现。

**4. 尺码**

衣服号码宜买大不买小，即使新衣服对宝宝来说稍微大一些，也不会影响他的生长发育，千万不要给宝宝买太紧身的衣服。

### （二）如何给新生儿穿衣服

新生儿的穿衣顺序是先穿上衣再穿裤子。先让宝宝平躺在床上，查看一下尿布是否需要更换，这样可以避免宝宝在穿衣服的过程中尿床，

接下来就可以穿上衣了。

**1. 穿套头衫**

把上衣沿着领口折叠成圆圈状，将两个手指从中间伸进去把上衣领口撑开，然后从宝宝的头部套过。为了避免套头时宝宝因被遮住视线而恐惧，妈妈要一边跟宝宝说话一边进行，以分散他的注意力。穿袖子的时候，可以先把一只袖子沿袖口折叠成圆圈形，妈妈的手从中间穿过去后握住宝宝的手腕从袖圈中轻轻拉过，顺势把衣袖套在宝宝的手臂上，然后用同样的方式穿另一条衣袖。最后用一只手轻轻把宝宝抬起，另一只手把上衣拉下去。

**2. 穿裤子**

先把裤腿折叠成圆圈形，母亲的手指从中穿过去后握住宝宝的足腕，将脚轻轻地拉过去穿好两只裤腿之后抬起宝宝的腿，把裤子拉直。然后抱起宝宝把裤腰提上去包住上衣，并把衣服整理平整。

**3. 连体衣**

如果是连体衣，应先把所有的扣子都解开，让宝宝平躺在衣服上，脖子对准衣领的位置，然后用和上面同样的方式把衣服套入宝宝的手臂和腿。注意给宝宝穿衣服时动作一定要轻柔，要顺着其肢体弯曲和活动的方向进行，不能生拉硬拽，以避免伤到宝宝。

图 12 新生儿穿衣方法

**（三）如何给新生儿更换内衣**

（1）准备柔软的厚浴巾或婴儿浴袍、前扣式连体衣一件。

（2）调好室内温度，把浴袍和要穿的衣服用吹风机、取暖器等先预热，以妈妈的脸接触不感觉衣服凉为宜。

（3）注意妈妈的双手也要是热乎乎的，感觉冷的话用热水浸泡一会。

（4）将预热的浴袍和内衣平摊在平坦柔软的地方，快速把刚洗完澡或刚脱掉衣服的宝宝包进浴巾内。

（5）打开上半身，依次穿进两只袖子，扣好扣子。

（6）用浴袍盖好上半身，将下半身穿进衣服里，扣好。这样宝宝的内衣就穿好了。

### （四）注意事项

选择合适的衣服，对于新生儿来说，不仅可以使宝宝舒适，而且更会有利于生长发育。根据新生儿的特点，衣物面料的选择很重要。由于新生儿皮肤娇嫩，四肢柔软，因此在选择衣服时，以布料柔软、质地好，而且薄的纯棉或薄绒布衣料为宜，不要选用化纤衣料，以防刺激皮肤导致皮肤过敏。新生儿穿的衣服不须讲究样式美观，而是要宽松肥大，便于穿脱。无论天冷或天热，给宝宝准备的衣料都要尽可能柔软，而且冬天的棉衣也不能太厚，被子不要给宝宝裹得太紧，以免影响宝宝四肢的活动，进而影响宝宝的正常生长发育。夏天，尽管天气比较热，但还是要给宝宝穿一件薄棉布衣衫，衣服可以稍长些，盖住腹部，防止宝宝腹部受凉，引起腹泻。要经常给宝宝洗澡，特别是夏天，出汗多，洗完澡后，应当给宝宝换上干净的衣服，而且宝宝的衣服要保持平整，没有皱褶。除此之外，新生儿的衣服不要钉纽扣或纽结，肩部和背部不要有接缝，否则会由于磨擦而损伤宝宝娇嫩的皮肤，严重者可引起皮炎。如果是新的衣服，在给宝宝穿之前最好用热水先洗一下，然后再穿。

条件许可的情况下，最好每天更换，因为宝宝新陈代谢快，身上的汗液及皮屑一天下来肯定会弄脏内衣。冬天更要注意及时更换内衣，保持干爽舒适，这样才有利于宝宝健康发育。

还要注意换衣服的场所要暖和；宝宝身体在这一阶段很健康（没有感冒、腹泻等不适症状）；妈妈"伺候"宝宝换衣的动作要迅速而且熟练。

## 八、新生儿眼部护理

眼睛是人体最重要的器官之一，眼睛的健康与否关系到一生的幸福。所以，家长必须从新生儿时期开始就注意护理好宝宝的眼睛。为避免出生时感染，从出生后第 2 天开始，双眼各滴 0.25% 氯霉素眼药水 1 滴，每日 2 次，可连续滴 3~7 天。在每次喂奶的时候，最好用专用的小毛巾和专用的洗脸盆，用温水洗擦面部，一般不使用护肤霜，冬天可使用婴儿专用护肤霜。新生儿的居室要保持清洁湿润。打扫卫生、清理床铺、外出的时候要遮住新生儿的面部，以防止灰尘落入眼睛；给新生儿洗澡的时候要防止脏水或浴液刺激眼睛。如果新生儿哭闹、不睁眼，很可能是眼内有了异物或患了其他眼病，要及时到医院诊治。

## 九、新生儿脐部护理

新生儿脐带的护理应分为如下两个阶段。

### （一）脐带脱落之前

脐带是母亲与胎儿联系的纽带，母亲通过脐带将营养物质带给胎儿，并将废物排泄。宝宝出生后脐带会被结扎，一般 3～7 天便能逐渐干燥脱落。在脐带未脱落以前，一定要保持脐部的清洁干燥，不要将新生儿直接放入盆内洗澡，以避免脏水感染脐部，不要将尿布兜在脐上捂住脐部，以免尿液污染。每天洗澡后最好用 75% 酒精消毒脐带根部。其方法是：提起脐带残端，由里向外转圈，轻轻擦拭，直到脐部分泌物完全擦净，每天做 1～2 次，这种做一方面起到消毒作用，另一方面可以促使脐带早日干枯脱落。脐带脱落前一般每天用 75% 酒精消毒 2～3 次，起到清洁脐部的作用。

### （二）脐带脱落之后

脐带脱落后，表面会结痂，结痂脱落后局部会有些潮湿的分泌物，可用棉签蘸 75% 酒精擦净。如果发现脐部根部红着或纱布上有少许血迹，分泌物增多，在用 75% 酒精消毒脐部清除分泌物后，还要涂以 0.5% 碘伏。药要涂在脐带根部，不要涂在周围皮肤上，以免影响效果。涂药后不要用消毒纱布遮盖住脐部，几天就会干燥。在护理新生儿脐部时，如果发现脐部红肿、有脓性分泌物、有臭味，要及时到医院就诊治疗。

## 十、新生儿更换尿布

新生儿尽量使用一次性纸尿裤。纸尿裤应选择透气性好一些的，一般 2～3 小时更换一次。纸尿裤的更换方法是：注意纸尿裤的前后之分，注意黏条不能粘到新生儿皮肤上，脐带脱落前要保持脐部干爽，纸尿裤的上缘不能遮盖脐带。每次更换纸尿裤的时候要让臀部多晾一会，以保持干燥，并要涂擦护臀霜或鞣酸软膏，预防臀红尿布疹的发生；也可选择选择透气性好的棉布做尿布。

### （一）自制纯棉布尿布的方法

自制尿布最重要的是注意选择适合的材料，最好用细棉纱、吸湿性好而且柔软的棉布。建议去市场买薄、细的棉纱布，自己回家剪成几十块，既可以作宝宝的尿布，又可以当作洗屁屁的洗澡布。洗涤起来方便，晾晒也很容易干。可以用2～3层棉布做好一块尿布，这样既不会因为太薄而影响吸水，也不会因为太厚而影响活动。半旧的浅色棉质内衣洗得很软，吸水性也好，是自制尿布材料的一个不错选择。要注意的是布尿布一定要清洗干净，酸性、碱性都会对宝宝的皮肤有刺激，所以要对布尿布进行适当的消毒。对于尿布的消毒可以采用开水烫和太阳晒两种简单办法。

### （二）更换尿布的方法

将新生儿放平躺下，臀部置于尿布上，松开尿布，左手将新生儿双脚合拢并提起，臀部距尿布约3厘米高，右手抽取尿布，然后换上干净的尿布，系上带子或用安全别针固定。尿布洗净、消毒后下次再用。

### （三）换尿布的注意事项

每次在给宝宝换尿布的时候，注意要将宝宝的小屁屁彻底地清洁干净。拿开尿布后，要用柔软的棉签或护肤柔湿巾轻轻擦拭宝宝的阴部和臀部。对于男宝宝，要确保所有皱褶处都被清洁到，在清洁包皮的时候要特别地仔细。为了避免在更换尿布过程中宝宝会发生小便，可使用柔软的纸巾将宝宝的阴部暂时包裹起来，等到清洁工作结束后再将纸巾拿开，包上尿布。

### （四）使用纸尿裤会威胁的健康吗

男性精子的发育发生在青春期，在婴幼儿时期精子还没有形成，这个时候，只有精原细胞存在，睾丸内的曲细精管是实心的细管。精原细胞在婴儿出生之前是在温度约为37℃的母体腹腔中发育的，而且发育良好。而宝宝纸尿裤内的温度变化一般不会超过体温（37℃），所以，正确使用纸尿裤引起的温度变化不会对青春期的生殖健康产生不良影响。当然，在为宝宝选择纸尿裤的时候，最好选择透气性良好、质量优秀的品牌。

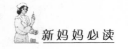

## 十一、新生儿睡眠

### （一）新生儿房间的选择

新生儿的房间，要阳光充足，通气良好。房间的室内温度夏天最好控制在 23℃～25℃，冬天在 20℃左右比较合适。湿度为 55%～60%。室内应该保持空气清新，每天要定时开窗通风以更换新鲜空气，减少细菌和病菌数量，每日要对室内物品进行擦拭消毒。

### （二）新生儿的最佳睡姿

睡眠的姿势应当以有利于入睡、睡得自然舒服为准。很多医学家都认为右侧卧位为上好，这主要是由人的生理结构推衍而来的。人的心脏位于胸腔左侧，胃肠道的开口右侧，肝脏也位于右侧。如果右侧卧睡的话，可以减轻心脏的压力，有利于血液搏出，增加胃、肝等脏器的供血流量，从而有利于食物的消化吸收和人体的新陈代谢。而且右侧卧位有利于全身肌肉的放松，因为右侧卧使脊柱朝前弯曲像一张弓，四肢可以舒适地伸展。虽然右侧位是最佳卧姿，但新生儿也不能长期一个姿势睡觉，家长要适当给宝宝翻翻身。

### （三）新生儿睡觉时的护理方法

月子里的宝宝如果睡觉姿势不正确，很可能会导致头脸变形，严重者可能造成嘴歪眼斜，还可能造成漾奶，甚至造成缺氧窒息。刚出生的宝宝的头型都是浑圆的，头颅骨的骨质软，如果长期仰面睡觉，会形成扁头、大饼脸；如果侧睡时间长，头部会变得狭长，脸会变成细长型；如果长久侧在一面睡，除头、脸变长外，还会造成口歪眼斜。婴儿出生至 6 个月后头部才定型。长大成人后就会保持原有特征，不会自然改善。所以新生儿熟睡后，家长要经常调整他的姿势。婴儿出生 24 小时内要采取头低脚高的侧卧位，在脖颈下垫一块毛巾，右侧位 1 小时后改换左侧位 1 小时，反复轮换。由于新生儿的胃入口松、出口紧，入口位于腹部左上侧，出口位于腹部右下侧。喂奶后先取右侧卧 1 小时，然后仰卧 1 小时，再侧卧 1 小时。这样每喂一次奶为一个周期，变换宝宝的躺卧姿势，既可以预防溢奶，又有利于宝宝的生长，还可以预防头脸变型。新生儿一般不用枕头，侧卧的时候注意不要把耳朵压向前面。

### （四）搂着新生儿睡觉的缺点

有些年轻的妈妈，晚上睡觉时喜欢把宝宝搂在怀里，以为这样是爱孩子、关心孩子，其实并不是这样。这是因为宝宝的头往往枕在妈妈胳膊上，妈妈大多数侧卧而睡，时间久了，手臂因为长时间受压而麻木不适，这就造成妈妈自觉或不自觉地翻身，会把宝宝弄醒或者不小心压伤宝宝。同时，宝宝容易吃着奶睡觉，可能会吸裂妈妈的乳头。劳累了一天的妈妈，宝宝吃着奶，自己也就睡熟了，如果乳房堵住新生儿的口鼻，影响其呼吸，严重的可把新生儿憋死（窒息）。宝宝的头裹在被窝内，被窝内空气污浊，不利于宝宝的健康。所以，搂着宝宝睡觉既不安全，又不卫生。为了宝宝的健康，最好让宝宝单独睡一个被窝，更好的办法是睡在婴儿床里。

## 十二、新生儿抚触

### （一）抚触的好处

皮肤是人体接受外界刺激最主要的感觉器官，是神经系统的外在感受器。所以，早期抚触就是在婴儿脑发育的关键期给脑细胞和神经系统以适宜的刺激。抚触最好是从新生儿开始，这样做有助于促进婴儿神经系统的发育，从而促进其生长及智能发育。对宝宝进行轻柔的爱抚，不仅仅是皮肤间的接触，更是一种母婴之间爱的传递。已经证实，父母给予宝宝爱的抚触有以下好处。

（1）抚触可以刺激宝宝的淋巴系统，增强宝宝抵抗疾病的能力。

（2）抚触可以改善宝宝的消化系统功能，增进食欲。

（3）抚触可以抚平宝宝的不安情绪，减少哭闹。

（4）抚触可以加深宝宝的睡眠深度，延长睡眠时间。

（5）抚触能促进母婴间的交流，令宝宝充分感受到妈妈的爱护和关怀。

### （二）抚触前的准备工作

在抚触前，妈妈首先要学习抚触的基本要求和手法，并且要做些准备工作。

（1）室温保持在 22℃～26℃，必要的时候可以用取暖器或空调加温。

（2）在抚触开始前，妈妈应该去掉戴在手上的手表、戒指和手链等装饰物品，以免抚触时划伤宝宝的皮肤。

（3）准备好干毛巾、给宝宝换洗的衣服和尿布，以便抚触完后能及时擦干宝宝的身体，换好衣服和尿布。

（4）抚触前，妈妈应先用热水洗净双手，擦干，再在手心倒入一些优质润肤油摩擦双手，以温暖手心，增加润滑度。这样给宝宝做抚触的时候能使他感觉舒服，还可以有效防止宝宝皮肤干燥、皲裂。

### （三）给宝宝做抚触的方法

抚触应该在温暖、宁静的环境中进行，妈妈可以一边抚触一边和宝宝说话，用温柔的目光和宝宝交流。

一般婴儿抚触先从头面部开始，用两拇指从宝宝额前中央向两侧推，然后两拇指从下颌部中央向两侧滑动，让宝宝的上下唇形成微笑状。宝宝在出牙期间，抚触口腔周围能使宝宝感到很舒服。从宝宝前额发际抚向脑后，最后两中指分别停在脑后，就像在给宝宝洗头一样。开始做时宝宝不一定配合，尝试几次后就能成功，时间长了宝宝就会发现做抚触时很舒服。

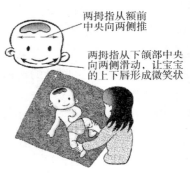

两拇指从额前中央向两侧推

两拇指从下颌部中央向两侧滑动，让宝宝的上下唇形成微笑状

图 13　给宝宝做抚触的方法

胸部抚触：要裸露全身，用双手从宝宝的胸部外下方向对侧上方交叉推进，在胸部划个大的交叉。做胸部抚触时，宝宝会因突然裸露而感到不安，甚至发生哭闹。这时要注意房间的温度不宜太低。对宝宝来说，裸露是一种锻炼，经过裸露训练的宝宝其耐寒力会比别的孩子强。

背部抚触：背部抚触可以放到最后做，做背部抚触时要将宝宝翻过身来，以脊椎为中分线，双手与宝宝脊椎呈直角，向相反方向重复移动，从背部上方到臀部，再到肩膀，重复多次。在抚触过程中还可以放一些旋律优美的音乐。抚触时间为每次 10 ~ 20 分钟，每周 3 次。刚开始时，时间和次数可以少些，以后逐渐增加。

## 十三、新生儿哭闹

### （一）如何从新生儿的哭声中辨别疾病

啼哭是新儿生锻炼身体的一种方式。正常的啼哭能促进全身血液循环，加快新陈代谢，促进生长发育。哭也是新生儿表达要求的惟一方式。因为新生儿不会说话，如果身体不适、患病、饥饿、疼痛或不良刺激时，就会用哭声来告诉大人。所以，宝宝啼哭的时候一定要找原因，不要一哭就抱、一哭就喂奶。当父母的应学会识别新生儿的哭声哪些是正常的，哪些是不正常的。健康的新生儿，当饥饿、尿布潮湿、过冷、过热、睡眠不足、受到强大声响刺激的时候，都会啼哭。不过这种啼哭一般声音洪亮，当需要得到满足或者消除不舒服的因素后，哭声马上停止，安稳入睡。这就是正常的啼哭。不正常的啼哭，常常是哭闹不安，而带痛苦表情。具体说来，有以下几种。

（1）在喂奶时哭声剧烈，同时出现痛苦表情，可能是口腔炎（口疮）或咽炎；吃奶的时候，耳朵贴近母亲哭闹或摇头不止，可能是耳道有毛病。

（2）哭声嘶哑、呼吸困难、发热、咳嗽、嘴唇青紫，可能是急性支气管炎或肺炎。

（3）如果反复剧烈哭闹、口角苍白、两手紧握、下肢蜷曲，伴随有呕吐、腹泻等，可能是肠绞痛。如果发现以上不正常的哭声，要立即到医院诊治。

### （二）新生儿夜啼怎么办

新生儿夜啼的主要原因是出生后的新生儿对周围的环境还不适应，将昼夜颠倒了，做父母的平时不注意培养新生儿的正常生活习惯。见宝宝白天睡觉，就不按时喂奶，喂奶的次数减少则尿也少，宝宝哭得就少，一到晚上，没有喂饱的宝宝啼哭以后，母亲为求安静，随便喂点，拍拍摇摇让宝宝入睡，但因喂得少或喂得过多，或是尿布湿了宝宝感到不舒服，就要啼哭，这样反复多次形成了夜间啼哭的不良习惯。做父母的面对这种情形，不能烦恼和忧虑，应改变原来的喂养方法，要定时喂奶，减少夜间喂奶的次数，以纠正夜啼的不良习惯。除此以外，有些因素也能造成宝宝夜哭，比如被褥太薄感到寒冷或太厚感到过热、排大小便、蚊虫叮咬、白天过于兴奋或受到惊吓等。做父母的应注意观察，寻找宝宝夜哭的原因，如果是因为疾病所导致的，应去医院检查治疗，如果由于生活安排不妥的原因，就应根据实际情况合理调整小儿的生活规律。

## 十四、新生儿户外活动

### （一）户外活动好处多

我国传统习惯是新生儿出生后1个月内，其房间里不能开窗、不见阳光，新生儿更不能外出。西方国家的新生儿出生后三四天就外出呼吸新鲜空气。现代育儿专家主张新生儿在出生后第2周就可以进行户外活动。我们说从小锻炼身体是健康的保证。在锻炼的过程中，自然界的各种因素作用于人体，都可以提高人体对外界环境的适应能力，使人体功能得以改善。一般的自然界刺激无外乎空气、阳光、水。对正常新生儿来说到户外晒晒太阳，接触些新鲜空气是十分有利的。户外空气浴首先可使新生儿的皮肤和呼吸道黏膜不断受到冷与热的刺激，促进大脑皮层形成条件反射以改善体温调节能力，增强适应外界的能力和对疾病的抵抗力。其次，新鲜空气比密闭的室内空气氧含量高，有利于新生儿呼吸系统和循环系统的发育。第三，在晒太阳时，皮肤接受较多的紫外线照射，可产生维生素D帮助钙吸收，减少佝偻病的发生。第四，宝宝在户外可以看到更多的人和物，在观察与交流中可促进他的智力发育。

### （二）新生儿户外活动要循序渐进

户外空气浴锻炼要有一个循序渐进的培养过程。比如新生儿从医院刚回家，可先保持室内空气流通，但不能有对流风；渐渐可过渡到在室内打开的窗前活动；出生2周后就可以抱新生儿去户外散步，开始每次2分钟，每日1次；第3周可增加到10～15分钟；满月后可以在户外活动20～30分钟；以后根据宝宝的耐受能力逐渐延长。户外活动以春、秋季为最好，冬天要在无风或风很小的时候进行。春、秋季最好上午10点到下午2点之间进行，夏天在上午10点以前和下午4点以后，并要在阳光不太强的树阴下活动。冬天如果天气不好或气温在10℃以下就不要去户外活动。

户外活动时要穿好衣服但不要太厚，包裹得也不要太紧，更不要让阳光直接照射头部。

### （三）新生儿户外活动的注意事项

（1）新生儿患病时，抵抗力下降，要暂停户外活动。

（2）夏季不要让太阳直射到新生儿的身体。

（3）不要抱新生儿要到人多嘈杂的地方（如大型超市、商场），以免感染上病菌而发生疾病。

（4）不要带新生儿到马路边，吸入大量尾气的危害很大。

（5）避免带新生儿长时间在户外活动，不利于新生儿散热。

（6）及时给新生儿补充水分。

# 十五、新生儿大、小便

## （一）大、小便的观察

### 1. 大便

每次为宝宝更换尿布的时候要观察大、小便的次数、颜色、量和稀稠度。宝宝出生后第一天排出的大便呈墨绿色、黏稠状，称胎粪。哺乳后大便逐渐变为黄色、糊状，新生儿的大便次数多是正常现象，但一般每天不应该超过 8 次。3 个星期后，大便的次数就会变得比较有规律，颜色呈棕黄色。母乳喂养的新生儿大便较为稀软；人工喂养的新生儿大便是柔软且呈固体形状的。一旦发现宝宝便秘（宝宝大便次数显著减少，粪便硬而实，排出困难，宝宝哭闹），要在两次喂奶之间多给宝宝喝些白开水。

如果出生后 24 小时仍没有见胎粪，要检查排除消化道梗阻畸形。大便的性状可以提示喂养和消化的情况。

消化不良时，大便呈黄绿色、稀薄状，次数增多，且便、水分开，俗称"蛋花汤"样大便。

喂糖分过多时，大便多泡沫，酸味重。

用牛乳喂养时，大便易结块、粪臭味较浓。

进食不足时，大便色绿、量少、次数多，宝宝常哭闹不安。

肠道感染时，大便次数多，水样或带黏液、脓性，有腥臭，宝宝多出现呕吐、厌食、发热甚至脱水。

### 2. 小便

新生儿初生数日内尿量较少，以后每天 7～8 次，尿色清澈淡黄，偶尔有尿酸盐结晶，使尿液发红，属于正常现象。小便的出现与是否及时喂养有较大的关系，喂养的晚出现的也要晚些。一个喂养得好的新生儿，一天的小便肯定是在 5 次以上的。虽然无法判断小便的量，但可以根据换尿布的次数来估计，新生儿如果使用尿不湿，也可以测尿不湿重量的变化来估计尿量。小便次数多、吃奶后能满足的安静的入睡，这是判断新生儿是否吃饱的两大指征。

### （二）大、小便后处理

**1. 大便后处理**

大便后要及时更换纸尿裤或尿布，以避免大便刺激臀部。其处理方法：先用湿纸巾轻轻将臀部的粪便擦拭干净。如果大便较多，就用清洁的温水清洗洗净，然后涂擦护臀霜或鞣酸软膏。洗臀时，如果是新生儿是女婴，洗臀部时用水从前往后淋着洗，以避免污水逆行进入尿道，引起感染。此外，女婴还应该注意清洗会阴部分泌物。如果大便很少，只用湿纸巾擦拭就可以了。

**2. 小便后处理**

一般小便后不需要每次清洗臀部，以避免破坏臀部表面天然保护膜，否则更容易发生臀红尿布疹。

## 十六、修剪指甲的方法

宝宝吸吮手指时容易把指甲缝里的污垢吸进嘴里，很容易引起消化道疾病和寄生虫病（蛔虫等），影响宝宝的身体健康。婴儿的指甲薄、皮肤嫩，加上爱动，剪指甲的时候一定要小心。要选择刀刃快、刀面薄、质量好的指甲剪给宝宝剪指甲，不要用一般的剪刀，以避免剪伤宝宝的手指尖。为了安全，给宝宝剪指甲的时间最好选在宝宝熟睡后。剪指甲时动作要轻快，不要剪得太多太狠，以避免产生疼痛，指甲剪完后要修光滑。剪指甲的频率为1周剪1次就可以了，如果发现指甲有劈裂，就要随时修剪。对于脚上较硬较厚的指甲，可以采取将指甲泡软后再修剪的方法。

为了安全，给宝宝剪指甲的时间最好选在宝宝熟睡后

图 14　给新生儿修剪指甲的方法

## 十七、与宝宝加强交流

和宝宝交流的过程就是培养宝宝成长的过程，宝宝最好的学习范本就是身边的大人。多交流才能促进宝宝大脑发育，下面20种有趣、科学的亲子招术，不妨选择使用。

（1）眼神的交流 当可爱的宝宝睁开双眼时，你一定要把握住这短暂的第一时刻，用温柔地延伸凝视他。要知道，婴儿早期就能认清别人的脸，每次当他看着你的时候，都在加深对你的记忆。

（2）呀呀儿语 你看到的可能只是一张天真无邪、不谙世事的小脸，但不妨给他一点机会，让他也能和你交谈。很快，他就会捕捉到与你交流的节奏，不时地插入几句自己的"言语"。

（3）母乳喂养 尽可能地用母乳哺喂宝宝。妈妈在哺乳的同时，给宝宝哼唱儿歌，轻声细语地与他交谈，温柔地抚摸他的头发，这样可以增进你们的亲子关系。

（4）吐舌头 有实验表明，出生2天的新生儿就能模仿大人简单的面部表情。

（5）照镜子 让宝宝对着镜子看自己。起初，他会觉得自己看到了另外一个可爱的小朋友，他会非常愿意冲着"他"摆手和微笑。

（6）呵痒痒 笑声是培养幽默感的第一步。你可以和宝宝玩一些小游戏，比如"呵痒痒"等，有助于提高孩子参与的积极性。

（7）感觉差异 把两幅较为相似的画放在距离宝宝25~40厘米的地方，比如其中一幅画中有棵树，而另一幅中没有，宝宝一定会两眼骨碌碌地转，去寻找其中的不同。这对宝宝今后的识字和阅读能力大有帮助。

（8）共同分享 带宝宝外出散步的时候，不时地跟他说你所看到的东西——"看，那是一只小狗！"、"好大的一棵树啊！"、"宝贝，有没有听到铃声了吗？"……最大限度地赋予宝宝扩充词汇的机会吧。

（9）一起傻 小家伙非常喜欢和你一起发出傻呼呼的声音——"噢咯"、"嗯哼"等，偶尔还会发出高八度的怪叫声。

（10）一起歌唱 尽量多学一些歌曲，不妨自己改编歌词，在任何情况下都可以给宝宝唱歌，还可以让宝宝听一些优美动听的歌曲，研究表明，在音乐的熏陶下，有助于孩子数学的学习。

（11）换尿布时间到　利用这一时间让宝宝了解身体的各个部位。一边说，一边做，让宝宝的小脑袋瓜与你的言行同步。

（12）爬"圈"　妈妈躺在地板上，让宝宝围着你爬。这是最省钱的"运动场"，而且很有趣，它可以帮助宝宝提高协调性和解决问题的能力。

（13）购物时光　留点空闲，去超市逛逛。不同的面孔，不同的声音，不同的物品，不同的颜色，会使宝宝欢欣鼓舞。

（14）提前预告　睡觉关灯之前大声地宣布："睡觉喽！妈妈要关灯了。"让宝宝慢慢地领悟因果关系。

（15）没事逗着乐　轻轻地对着宝宝的脸、胳膊或小肚肚吹气，逗宝宝"咯咯"笑。

（16）揉纸巾　如果宝宝喜欢从盒子里抽取纸巾，就随他去吧。宝宝把纸巾揉成一团再展开，可以训练宝宝的感官能力。你也可以把小玩具藏在纸巾下面让他找，不过，当宝宝找到的时候，一定要大加赞赏。

（17）小小读书郎　给8个月大的宝宝读故事，两三遍之后，他就能够意识到文字的排列顺序了。给宝宝读书，对于他学习语言真的很有帮助。

（18）躲猫猫　玩捉迷藏的游戏能让宝宝笑声不断。他会认识到消失的东西还会回来。

（19）触觉体验　用不同质地的布料（丝绸、丝绒、羊毛、亚麻布等）轻轻地抚摸宝宝的面颊、双脚或小肚肚，让他体验不一样的感觉。

（20）感受宁静　每天花几分钟时间，和宝宝静静地坐在地板上——没有音乐，没有亮光，也没有游戏。在宁静中感受周遭的世界。

## 十八、给宝宝洗澡

洗澡一定要注意一点的技巧。在洗澡之前，应该先将干净的衣服与尿布准备好，室温控制在24℃~26℃，水温应接近体温或37.5℃左右。

夏天的时候，因为周围环境温度较高，一天可以洗两次澡。春、秋或寒冷的冬天，由于环境温度较低，如家庭有条件使室温保持在24℃~26℃，亦可每天洗一次澡，如不能保证室温，则可每周洗1~2次澡。

[参考步骤]

第一步：家长要洗净自己的手，然后用柔软的毛巾轻轻地擦洗婴儿的脸（不要搓揉），之后洗一下耳朵，用棉球分别擦洗耳朵眼和鼻孔。

第二步：给孩子脱掉衣服，擦拭一下臀部，以免把洗澡水弄脏，再给孩子身上涂些浴皂。然后，轻轻地把他放到温度适宜的水中，用手托着孩子冲洗掉身上的皂沫。

第三步：冲洗完毕，将孩子从水中抱出，马上给他披上干燥而柔软的浴巾，轻轻而细致地将水擦干，特别要注意有皱褶的地方，如耳朵、颈部、腋窝、肚脐、外生殖器、脚趾间等。

第四步：在婴儿的身上扑上些痱子粉，并给孩子穿上事先准备好的干净衣服。

[注意事项]

当孩子有发热、咳嗽、流涕、腹泻的症状时，不适宜洗澡。如果宝宝患上肺炎、缺氧、呼吸衰竭、心力衰竭等严重疾病时，更应避免洗澡，以防洗澡过程中发生缺氧等而导致生命危险。另外，如果宝宝的皮肤受到损伤，也不宜于洗澡，比如皮肤烫伤、水泡破溃、皮肤脓疱疮及全身湿疹等情况的发生。

给宝宝洗澡时间不能过长，如果让宝宝长时间泡在水里，特别是皮肤干燥的宝宝，皮肤容易脱水，会加重皮肤干燥。同时，泡的时间过长还会使皮肤最外面的角质层吸水变软，降低皮肤的抵抗能力。即使宝宝很喜欢玩水，最好也不要让他的入浴时间超过 10 分钟。

洗澡后应及时补充水分：宝宝洗澡结束 5～10 分钟后，最好给宝宝喝 50 毫升左右的水。对宝宝来说，洗澡是一项"大运动"，得及时补充水分。

总之，给婴儿洗澡需要把握技巧，保持婴儿身体干净、注意婴儿的身体状况。

[提醒]

在给宝宝挑选清洁护理用品时，应尽量少选含有邻苯二甲酸盐成分的。有研究报告说，婴幼儿洗发香波、沐浴液、爽身粉等护理用品中普遍含有邻苯二甲酸盐等添加剂，婴幼儿过多接触，可能危害健康，甚至引发生殖问题。

# 十九、宝宝出牙

## （一）判断宝宝出牙的方法

宝宝在吃母乳的时候经常咬妈妈的乳头，母亲会感到很疼痛，或是老喜欢吃咬别的东西；还有就是观察到宝宝的上牙龈或下牙龈有发白迹象，有的还会白得厉害，这就表明宝宝要长牙了。长牙期间宝宝是会有一些异常表现，主要有以下几种。

（1）疼痛　宝宝可能表现出疼痛和不舒服的迹象。

（2）暴躁　牙齿带来的不适会让宝宝脾气暴躁和爱哭闹，在出牙前一两天特别明显。

（3）脸颊发红　宝宝的脸颊上出现了红色的斑点。

（4）流口水　出牙时产生的过多唾液会让宝宝经常流口水。

（5）啃、嚼或咬东西　把任何东西放到宝宝嘴巴附近，他可能会出现以上动作。

（6）牙龈肿胀　检查一下他的嘴巴，看看牙龈上是否有点红肿或肿胀。

（7）睡不安稳　宝宝可能会在半夜醒来，并且看起来烦躁不安，尽管在这之前一直睡得很安稳。

（8）体温升高　出牙能使体温稍稍升高，所以宝宝可能会觉得比平时热一点。

（9）屁股疼痛　宝宝出牙时更容易患上尿布疹，并且可能有轻度腹泻的症状。

**（二）顺利度过长牙期**

（1）按摩宝宝牙床　父母可以用手指轻轻按摩一下宝宝红肿的牙肉，可让宝宝觉得较舒适。

（2）准备冰冻、柔软的食物　如果宝宝不愿意吃东西、没有胃口，则可以为宝宝准备一些较冰冻、柔软的食物。

（3）给予适当"器具"　在长牙时期，一般宝宝会喜欢咬硬的东西，为防止宝宝乱抓乱咬，父母可以为他准备固齿器；食用胡萝卜、苹果或稍有硬度的蔬菜时，父母须小心不要让宝宝咬太多而被噎到。平时也要注意不要让宝宝拿到硬币、花生、小玩具等易吞入的东西，以避免宝宝将它们放入口中，不小心哽在喉咙。

（4）适时的呵护与关怀　在刚开始长牙期间，宝宝更需要父母的呵护及关怀，这样可以缓和宝宝的情绪，让宝宝感觉温暖与舒适。

## 二十、宝宝出牙的顺序

（1）中切牙　下颌6个月；上颌7个半月。

（2）侧切牙 下颌7个月；上颌9个月。

（3）第一乳磨牙 下颌12个月；上颌14个月。

（4）尖牙 下颌16个月；上颌18个月。

（5）第二乳磨牙 下颌20个月；上颌2岁。

有的宝宝会有个别牙齿的萌出顺序颠倒，但最终并不影响牙齿的排列，不需要处理。

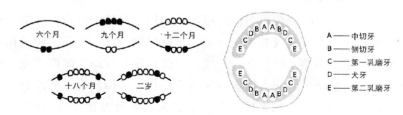

A——中切牙
B——侧切牙
C——第一乳磨牙
D——犬牙
E——第二乳磨牙

图15 宝宝出牙的顺序

## 二十一、宝宝的口腔护理

### （一）全程护理

做口腔护理前，要做好准备工作。先让婴儿侧卧位，用小毛巾或围嘴袋围在小儿的颌下，以防止护理时沾湿衣服；同时准备好消毒过的筷子、棉签、淡盐水和温开水，护理者用肥皂和流动水洗净双手。待准备好一切再开始护理。

护理时，先用棉签蘸上淡盐水或温开水，擦小儿口腔内的两颊部、齿龈外面，再擦齿龈内面及舌部。张口不合作的小儿，家长可用左手的拇指、食指轻捏小儿的两颊，使其张口，必要时也可用勺子柄或筷子帮助撑开口腔。擦洗时应注意使用的物品要保持清洁卫生，已消毒的物品不被弄脏污染。擦洗一个部位要更换一个棉签，同时棉签上不要蘸过多的液体，以防止小儿将液体吸入呼吸道造成危险。

口腔护理后，用小毛巾把小儿嘴角擦干净。口唇有干裂的可涂消毒过的干净植物油；口腔溃疡者可涂金霉素鱼肝油；鹅口疮可涂制霉菌素甘油，或根据需要遵医嘱涂其他药物。

### （二）正确选择宝宝的牙刷

宝宝开始学刷牙的时候，首先要给宝宝选择一支合适的牙刷。给宝宝选择日常使用的普通牙刷的要求是：牙刷的全长以12～13厘米为好；

牙刷头长度为 1.6 ~ 1.8 厘米、宽度不超过 0.8 厘米、高度不超过 0.9 厘米；牙刷柄要直而且粗细要适中，以便于宝宝满把握持；牙刷头和牙刷柄之间称为颈部，要稍微细点；牙刷毛要软硬适中、富有弹性，毛太软不能起到清洁作用，毛太硬又容易伤及牙龈及牙齿，同时毛面应该平齐或者呈波浪状，毛头应该经过磨圆处理。

### （三）保护宝宝的牙刷

牙刷保护得好，不仅可以使牙刷经久耐用，而且也符合口腔卫生要求。正确使用牙刷，不仅有利于牙刷，也能保护牙刷、延长牙刷使用寿命。另外，不要用热水烫、挤压牙刷，以防止刷毛起球、倾倒弯曲。刷完牙后要及时清洗掉牙刷上残留的牙膏和异物，甩掉刷毛上的水分，并放到通风干燥的地方，毛束要向上。家庭成员要分开使用各自的牙刷，以防止疾病的传染。牙刷通常每季度要更换一把，如果刷毛变形或牙刷头积储有污垢，要及时更换。

### （四）正确选择宝宝的牙膏

牙膏是刷牙的辅助卫生用品，它包含摩擦剂、洁净剂、润湿剂、胶黏剂、防腐剂、芳香剂和水等成分。在选择和使用牙膏的时候，要注意以下几个方面：①选择产生泡沫不太多的牙膏；②选择宝宝喜爱的芳香型、刺激性小的牙膏；③合理适量使用含氟和药物牙膏，一般取黄豆粒大小就可以了；④选择含粗细适中摩擦剂的牙膏；⑤不要长期固定使用一种牙膏；⑥购买牙膏要看出厂日期，不要使用过期、失效的牙膏；⑦要选用性能稳定、使用保存方便的牙膏；⑧如果宝宝还没有掌握漱口动作的时候，暂时不要使用牙膏，可以改用温淡盐水。

## 二十二、安抚夜间哭闹的宝宝

### 1. 习惯性

常见于保姆带孩子。白天让宝宝睡得多，造成晚上不肯睡。建议最好调整生理时钟延迟睡觉的时间，尽量让宝宝白天少睡，晚上等到困的时候再睡。

### 2. 生理性

如尿布湿、肚子饿、肚子胀气、肠绞痛、肠套叠等。宝宝哭闹的时候，先检查宝宝是否肚子饿、尿布湿或是撒娇；若非以上原因，可抱抱孩子或用安抚奶嘴。因为宝宝口欲期若没有被满足，可能对人产生不信任感。但是使用安抚奶嘴，可能会有牙齿变形或嘴巴翘翘的情形。喝母乳的孩子哭闹时，不建议使用安抚奶嘴，以免造成奶嘴混淆，只要让宝宝吸吮母亲的乳头即可。

**3. 肚子腹胀**

若宝宝的肚子鼓鼓的，拍的时候有"砰砰"的声音，可能是胀气。这时可以抱着孩子走一走，或将宝宝放在婴儿椅上，开车兜风几圈，也可以消除胀气；或在宝宝的肚子上涂抹万金油并按摩，不过主要是借着按摩宝宝的肚子以消除胀气。

如果宝宝一阵一阵地出现哭闹而且次数不断的增加，甚至出现解血便的情形，有可能是罹患肠套叠，必须尽快送医进行超声波或 X 线摄像检查，否则会有肠子破裂的危险。

# 二十三、宝宝学习爬行

就爬行这种运动本身来说，是宝宝一种全身的运动，而且容易掌握，也是宝宝很喜欢的一种方式。爬行可以促进孩子四肢和躯体的协调平衡能力，使全身肌肉得到锻炼；也可以促进宝宝感知觉（如深度知觉）的发展，有助于增进三维理解判断力，比如谨慎防跌。在 7 ~ 10 个月的这个阶段应鼓励孩子爬行，如在他可以触及的范围内放置一些引诱宝宝的物品可以有效地让他做到这一点，不要总将宝宝抱在手上，剥夺了宝宝在地板上玩耍、爬行的机会。

爬行要注意的危险因素如下。

（1）用水泥、磨石子、瓷砖等所铺设的地板都容易让学习爬行的宝宝因一不小心跌倒而受伤，造成无法弥补的遗憾。可在硬地板上面铺设软垫，不过注意要使用厚度较高的软垫才能发挥作用，并且避免用有很多小装饰的软垫，以防宝宝将小装饰抠起来吃。

（2）尖锐的桌角或者是柜子角对于学爬的宝宝来说是"危险地带"，万一宝宝碰到了，就有可能造成脸上或头上受伤。可以将所有的桌角或柜子角套上护垫，或用海绵、布等包起来，就算宝宝不慎撞到，也能将伤害降到最低；也可暂时把这些桌子、柜子搬离宝宝爬行的区域。

（3）垃圾箱里的脏东西不仅会把宝宝全身弄脏，还有很多危险的细菌，应该把垃圾箱放到远离宝宝的地方，比如卫生间。然后把卫生间的门关上，以防宝宝爬进去。

（4）热水瓶、茶具、花瓶等易碎品带来的危害可不小。一旦碰碎，热水瓶里的热水会烫伤宝宝，而花瓶破碎后的碎渣则可能划破宝宝稚嫩的皮肤。所以，热水瓶、茶具可以暂时放在厨房上方的柜子里；花瓶最好放在窗台上，不要放在有桌布的桌子上，因为宝宝拉扯桌布的时候会将花瓶一同拉扯下来。

（5）宝宝都有一个"爱好"，不管什么东西都喜欢放进嘴里，不管能不能吃。要是不小心误食了药品、有毒食品等，后果可不堪设想。所以这些东西最好放在宝宝看不到也够不到的地方，比如锁在抽屉和柜子里。

（6）会爬的宝宝，探索范围慢慢扩大，窗户就是他的目标之一。若不小心让宝宝爬到了窗口，很有可能会掉下去，造成生命危险！所以窗户应该加上护栏或者防盗窗，或者让床远离窗户，防止宝宝爬上窗台。

## 二十四、给宝宝选择鞋子

虽然穿鞋对宝宝的腿型发育不是最主要的影响，但是尽早准备，却能让宝宝日后长出一双漂亮的小脚，还能让宝宝更好、更快地学会走路，家长们最好做好以下准备。

（1）大概在宝宝15个月以前，都处在爬行期和学步初期，还不会行走的宝宝不需要穿鞋。在室内学步的时候不要让宝宝穿鞋，让宝宝习惯用脚底直接接触地面，增强他们足底的抓地感，有利于培养宝宝的平衡能力。

（2）在15个月以后，宝宝已经能够歪歪扭扭地走路了。这时候，可以让宝宝穿着柔软的、弹性较大的鞋子，这对宝宝形成正确的步态很有帮助。最好选择有坚硬鞋帮，鞋底有一个合理足弓弧度承托的鞋，这样可以防止宝宝走成扁平足。

（3）在1岁半以后，宝宝的双足承受的重量变得越来越重。如果还要用柔软鞋底的话，就容易使宝宝的足部扁平，还可能会导致宝宝长成"X形腿"。这时候，父母应该给宝宝选择鞋底、鞋身质地比较坚硬的鞋子。需要注意的是，在给宝宝选择鞋子的时候，千万不要给宝宝选大号鞋，那样容易造成宝宝摔倒。另外，宝宝的鞋跟也不能太高，太高的鞋跟会造成宝宝前脚掌压力过大，损伤足弓；还会让大脚趾受到前冲挤压，形成拇指外翻等问题。

## 二十五、教宝宝擤鼻涕

首先，家长要选择柔软、无刺激的手帕或卫生纸。在教宝宝擤鼻涕时，家长要亲自示范，让宝宝看；然后，家长拿着准备好的手帕或卫生纸放在宝宝的鼻翼上，先用一指压住一侧鼻翼，使该侧的鼻腔阻塞，让宝宝闭上嘴，用力将鼻涕擤出，后用拇、食指从鼻孔下方的两侧往中间对齐，将鼻涕擦净，两侧交替进行；几次后，可以让宝宝自己拿着手帕或卫生纸，在家长的帮助下进行擤鼻。经过多次反复的训练，接近 2 岁的宝宝不仅可以学会擤鼻涕，而且还会擦去擤出的鼻涕。

## 二十六、给新生儿选玩具

新生儿可以选择以下类型玩具。

**1. 听力刺激玩具**

可以挑选一些能够发出声响的玩具，如一按就响的玩具小鸭子、拨浪鼓、小铃铛等，放在不同的位置逗引宝宝。另外，旋律优美的音乐磁带也是训练宝宝听觉的必备品。

**2. 视觉刺激玩具**

新生儿小床的周围或上方可悬挂一些色颜鲜明的玩具，这样既能刺激新生儿眼部肌肉的发育，又可以训练孩子抬头、转头等动作。五颜六色的气球、圆环、转动的小动物、小雨伞等都是很好的玩具。

**3. 触觉刺激玩具**

毛巾、绒布、橡胶等质地柔软的小玩具是不错的选择。

## 二十七、宝宝的运动

**1. 帮助宝宝进行适当运动**

运动是重要的生理刺激之一。有专家指出，让宝宝早期进行适当运动，不仅可以锻炼身体，也能促进智力发育。满月后，大人就可以抱宝宝到室外活动——"散步"，每天 5 ~ 10 分钟。宝宝"散步"的时候可以改善机体的气体交换状况，使体内血氧含量增多；2 ~ 4 个月的时候，要让宝宝适应四肢运动。让宝宝平卧，先将他的两上肢交替伸屈，每一动作重复 2 ~ 3 次，锻炼肩部及腿部的肌肉；4 ~ 6 个月的时候，是练习翻身运动的时候。家长可以用一手持其脚，一手持其上身帮助宝宝翻身；6～8个月的时候，是练习爬行运动的时期，可促使宝宝协调性、灵敏性得到很好的发展；8～10个月的时候，要开始站立的准备运动了，让宝宝俯卧，手持其脚脖子，等到宝宝两手撑地后，将两脚提起，再慢慢地放下。这样重复多次，可以锻炼上身及腕部力量；10～12个月的时候，要开始步行的准备运动。让宝宝蹲着或跪着，拉住宝宝双手，使他站起，这样重复多次，以锻炼宝宝下肢肌肉。宝宝已能初步行走的时候，家长可以扶住宝宝两腋，让宝宝跳动，这样既锻炼各器官的生理功能，又能增加幼儿的欢快心理。需要强调的是，宝宝运动要根据不同生长时期的特点来进行，运动发展要循序渐进，不能超前。

人的高矮与骨骼的发育有很大关系。经常进行体育锻炼，可以改善人体的血液循环，提高身体对营养物质的吸收，增强骨细胞的生长能力，从而使骨骼生长得更旺盛，并使骨骼变得更加粗壮和坚实，这样宝宝的个头也就自然长高了。根据医学专家调查研究显示，同年龄和同性别的儿童，经常参加体育锻炼的比不爱运动的平均身高多出4～8厘米，有的甚至更多。最有效的锻炼项目是单杠、弹跳、游泳、吊环、自由体操、打篮球和引体向上。因为跳跃能够牵伸肌肉和韧带，有刺激软骨生长的作用；游泳可以使全身各部分都得到充分的舒展和锻炼；引体向上则可以拉伸脊椎、促进脊椎骨的生长，从而促进宝宝的身高不断长高。

**2. 不适合宝宝的运动**

（1）拔河　拔河比赛时运动强度大，对抗性强，需要很大的静止力和耐久力。宝宝的心脏发育还不完善，心肌娇嫩，很难承受这样大力量性质的负荷。另外，拔河还容易造成腕关节脱臼和软组织损伤。

（2）长跑　人的高矮主要取决于全身骨细胞的生长，参加大能量消耗的长跑运动，会使儿童营养入不敷出，骨细胞生长速度减慢，妨碍正常的生长发育。

（3）倒立　尽管幼儿的眼压调节功能较强，但如果经常进行倒立或每次倒立时间过长，会损害眼睛调节眼压的能力。

（4）扳手腕　宝宝四肢各关节的关节囊比较松弛，坚固性较差，扳手腕容易发生扭伤。另外，如同拔河一样，屏气是扳手腕时的必然现象，这样会使胸腔内压力急剧上升，静脉血向心脏回流受阻，而后，静脉内滞留的大量血液会猛烈地冲入心房，对心壁产生过强的压力。

（5）兔跳　在做"兔跳"的时候，人体重心所承受的重量相当于自身体重的3倍，膝盖所承受的冲击力相当于自身体重的1/3，对骨化过程还没有完成的宝宝来说，这样很容易造成膝关节损伤。

# 第四章　患儿护理

## 一、带宝宝看病的要点

带宝宝去医院看病的时候，总是由父母回答医生的询问，叙述宝宝的病情。父母要注意以下几点。

### （一）反映病情要客观

父母在向医生描述病情的时候应是描述宝宝的症状，而不能做"下诊断"式的叙述。例如，你可以说"我的宝宝咳嗽，而且还有痰"，而不要说："我的宝宝感冒了"。同时还要注意不要随意夸大或缩小宝宝的病情。

### （二）叙述病情分先后

向医生叙述病情的时候，首先要说清楚目前的症状，然后才是宝宝以前的情况。

**1. 体温**

发烧是许多儿科疾病的主要症状之一，很多宝宝就是因为发烧而求医的。因此，对体温变化的叙述是不可缺少的。如果在家已经测过体温，最好能说明测体温的时间及次数，最高和最低时分别为多少度。还要注意说明宝宝的发热有无规律性、周期性，以及发烧时有无抽搐等其他伴随症状。

**2. 时间**

在向医生叙述的时候最好能说明发病时间、间隔时间等详细情况。以发热为例，从时间上区分就可以分为稽留热、间歇热、不规则热、长期低热等，它们分别由不同的疾病引起。因此准确而详细地描述各种症状发生和持续、间隔的时间，对医生的诊疗大有帮助。

**3. 饮食**

生病时，宝宝的饮食也会在不同程度上受到影响，父母要观察宝宝在饮食上的变化。主要向医生叙述饮食的增减情况、饮食间隔次数的变化以及宝宝有无饥饿感、饱胀感、停食等现象。如宝宝有偏食的情况，应说明是喜干还是喜稀，喜素还是喜荤，有无病后停奶、吐奶现象；同时还要说明宝宝的饮水情况，是口干舌燥要喝水，还是总想喝水。如宝宝吃过不干净的食物，也要告诉医生。

**4. 睡眠**

宝宝生病时睡眠状况一般都有变化。向医生叙述时要说明睡眠的时间和状态，尤其是要注意与平时不同的情形。如是否久久不能入睡，是否稍有动静就会醒，睡眠中有无惊叫、哭泣、磨牙、出汗等。

**5. 大小便情况**

了解宝宝大小便情况也是医生诊断病情不可缺少的，应该将宝宝的大小便如实地介绍给医生，如大小便的颜色、次数、形状、气味以及大小便时有无哭闹等。

**6. 其他状态**

如有无出汗、呕吐、咳嗽等症状；四肢活动是否自如、颈项是否僵直；神态是否清楚，有无烦躁不安、哭闹、嗜睡、昏睡的现象。这些对判断疾病都有重要意义，父母的叙述越准确和详细，对医生的诊治越有用。

**7. 以往病史**

宝宝以前患过什么病、何时何地、什么时间、治疗效果如何、有无后遗症；有无对某种药物过敏的情况；家庭中有无遗传病史；家庭成员中有无肝炎、结核、伤寒、痢疾等传染病史。这些情况都要向医生说清楚。有时还需要向医生说明出生时情况，如出生时是否顺利，妈妈妊娠是否足月，妈妈妊娠时患过什么病、吃过什么药等。

**8. 就诊前诊治情况**

有些父母出于怕医生反感等多种心理，不愿把宝宝就诊情况告诉医生，这是错误的。宝宝来医院就诊以前是否还去过其他医院求医诊治过、已服过什么药、剂量多少等，这些情况不要回避隐瞒，都要向医生详细讲明，以免重复检查浪费时间和短期内重复用药引起不良后果。

## 二、宝宝的用药原则

### （一）要明确诊断

根据病情决定如何用药，尤其要考虑到儿童的用药特点及剂量。如小儿支气管哮喘可以服用麻黄素、肾上腺素类的药物解除哮喘，但同时患心脏病的孩子就不能用，因为这类药物会使心跳明显加快，对心脏不利。又如患小儿感冒时，尽管速效感冒胶囊疗效快、服用方便，是感冒药中的佼佼者，但小儿神经系统、肝脏发育尚不完全，用了速效感冒胶囊易引起惊厥、血小板减少或肝损害。因此在选用药物时既要考虑疾病的需要，又要考虑药物对小儿身体的副作用和伤害。

### （二）选药时要有明确的指针

根据药物的特点，结合小儿自身具体情况，选用安全、有效、可靠、价廉、易得的药物。不能用疗效不确切的药物，不能轻信广告药品，不要图新药、图贵药，因为新药所含的毒性、副作用往往需要长期深入细致的临床调查研究，尽管新药上市前都做了对胎儿的影响、致癌、致畸、依赖性和抗原性的研究，但由于时间的局限，还远不够。非那西汀就是在应用几十年以后，才发现长期服用会导致肾乳头坏死或引发肾盂癌的毒性反应。

### （三）要掌握影响药物的因素

影响药物的因素有药物剂型；给药途径（口服还是注射）；药物联用的相互影响（用药尽量少而精，尤其要避免"撒大网"的用药方式）；小儿年龄、性别、营养状况及精神状态等。排除各种可能出现的干扰，从而达到预期的治疗效果。

### （四）不要给患儿随意滥用成人药

儿童的肝、肾、神经等器官、组织发育尚不完善，很容易受到损害或发生中毒反应。小儿更应慎之又慎。如阿司匹林类解热镇痛药适于成人服用，若给患儿服用则不易掌握用量，一旦过量，便会因出汗过多导致虚脱。又如氨茶碱治疗量与中毒量十分接近，成人用药时尚需注意，小儿神经系统发育不完善，用后很容易中毒。

### （五）不要滥用"小药"

有些家长把一些小儿常用药称为"小药"，并认为其可以有病治病，无病防病，有益于小儿的身体健康，这种做法实不可取。如抗菌药物不按时按量的滥用，会导致耐药性，一旦真正需要抗生素时，药物就起不到杀菌消炎的作用了。又如一些消食化积的中成药里多含有大黄、黑白丑等泻药，盲目使用会影响宝宝营养吸收。还有些中成药里含有朱砂，长期服用会引起积蓄中毒。因此，小儿服药应遵循医生的指导。

### （六）避免滥用某些滋补和维生素类药品

家长的动机是为孩子好，如病愈后让孩子补补虚；在校功课多、学习紧给予进补；有的家长甚至和邻居互相攀比着给孩子进补，因而滥用如人参、人参蜂皇浆、冬虫夏草、维生素 A 等补药。殊不知，这早一支、晚一支的补剂把孩子推向了病态，如人参蜂皇浆之类制剂是公认的激素制剂，这些补品所造成的性早熟，已成为儿科的新疾病，目前医学界对此束手无策，深感棘手。维生素 A 服用过量，会影响骨骼的发育，使软骨细胞造成不可逆的损害。

### （七）用药时，要严密观察宝宝的病情变化及治疗中的药物反应

因为小儿具有病情变化快的特点，要随时决定是否继续用药或调整用药剂量，使用药更趋于合理，争取早日痊愈，减少或避免药源性疾病的发生。同时要注意增强小儿身体抵抗力，给予必要的加强体质的治疗和良好的护理，使疾病彻底痊愈。

## 三、给宝宝喂药

给孩子喂药应根据不同的药物及孩子不同年龄等特点，选择适宜的喂药方式。

（1）倘若所服药物苦味不重，可直接用温开水送服；如果苦味较重，则可适当加食糖调配后喂服；对于特别苦的药物，如黄连素等，可先在小勺里放些食糖再放药，倒入孩子口中后再用糖水迅速送服。如果服用的药物是散剂、片剂或丸剂，可研细后溶于水中（肠溶片或胶囊不宜先用水溶）；不溶于水的药物可用

图 16　给宝宝喂药

食糖混匀后加水调和再喂服，以免咳呛。中药汤剂稍凉后喂服可减轻苦味，也可适量加冰糖、蜂蜜或浓缩成糖浆后分次喂服。

（2）对 6 个月以内的婴幼儿，可用奶瓶喂药，即将调好的药液装入奶瓶让孩子吮吸；稍大些的孩子可用汤匙喂药，让孩子侧身，将调好的药物用汤匙由侧嘴角慢慢喂进，顺颊部流入而咽下；也可用鱼肝油滴管吸满药液后伸进孩子口内，斜贴颊部滴入。

（3）给 1 岁左右的孩子喂药，一般较为困难，孩子常会闭口拒服，不予配合。此时，可先喂少许食糖，然后喂一勺药，在孩子尚未来得及

反抗时，再喂一勺糖水，如此进行常可奏效。

（4）当孩子口中含药不肯下咽或包有溶衣的药片不易吞服时，可用小匙轻压孩子的舌部，以刺激其吞咽。或利用婴幼儿特有的反射性吞咽动作，促使其将药咽下。具体方法是：大人在距孩子面部30厘米处，柔和地向孩子面部徐徐吹气，这样便可引起孩子产生吞咽动作。这种方法一般适用于1~2岁的孩子。但使用这种方法时，必须要求吹气者一定是无感冒或其他传染性疾病的人。

（5）对于极不合作的婴幼儿，喂药的时候最好让其躺下，或者抱在大人怀里，头偏向一侧，用左手捏住宝宝下巴使嘴张开，右手将勺尖紧贴颊黏膜与臼齿间把药倒入，待孩子将药物完全咽下后，再松开左手，抽出小勺。

（6）给孩子喂药后，还应再喂适量的温开水，以冲洗残留于口中及附着在食道壁上的药物，清除口腔内遗留的苦味，并可避免食道黏膜受损。特别需要注意的是，在喂药过程中如果宝宝出现咳呛，必须立即停止喂药，以避免异物呛入气管而发生危险。

喂药的注意事项如下。

①最好在服药后1小时再给宝宝喂奶，在宝宝吃奶2小时后服药。

②给宝宝服药后，应该将宝宝抱竖直，轻轻拍背，让药物顺利通过食道；如果躺着服药，有可能使药物黏附于食道壁，引起呕吐。刺激性的药物还会损伤食道。

③了解宝宝的"服药心理"采取相应的心理措施。让宝宝知晓疾病带给身体所造成的痛苦。使宝宝产生厌病感，继而形成强烈的治疗欲望。

④大讲用药的好处。你应该用十分肯定的语气、充满信心的语调告诉孩子，药物会帮助他杀死病菌，消除痛苦，变得像平常一样的舒舒服服、自由自在。症状减轻后，家长要及时赞扬药物的作用。当宝宝感到了打针和吃药的作用时，便会乐意去吃药。

⑤利用宝宝的好奇心，鼓励和表扬宝宝自己服药。这样做可以分散宝宝对药物的注意力，减轻药物在口中的苦涩感，还可以使宝宝由此获得一种愉快的心理满足。

⑥用柔情驱散宝宝心中的恐惧。父母温柔的举止、和善的眼光、亲切的话语，常会大大减弱孩子对服药的恐惧感。父母千万不可用惩罚的

方法，强迫宝宝服药。

## 四、照顾宝宝输液

宝宝生病的时候，挂吊瓶是常有的事。父母往往开始紧张，担心头皮静脉穿刺给宝宝带来伤害。而当这种紧张和顾虑消除，宝宝安定下来后，又往往放松警惕，让宝宝乱动致使输液中途失败。所以宝宝挂吊瓶的时候，家长不要松懈下来，一定要注意以下 5 个事项。

（1）避免躁动。家长要有稳定的情绪，用平静的心态感染和安抚宝宝，协助护士摆好患儿体位，剃去穿刺部位的头发，以便于穿刺和固定。否则，胶布贴在头发上，针头会随着头发的活动而活动，导致针头脱出。针扎上后，应尽量安抚照料好宝宝，避免哭闹、躁动导致的针头松动、移位。如果没能控制而发生输液管晃动时，一定先看点滴管以下的输液管是否有空气进入，如果有气泡的时候，要请护士尽快处理，以避免空气进入血管，造成危险。

（2）不随意调节输液速度，要注意液体滴入是否通畅、滴速是否恰当。输液管扭曲、受压，针头固定不当，输液瓶悬挂太低等都可能引起滴入不畅。滴速是医师根据患儿的病情和药物性能科学计算出来的，一定要认真执行，家长不要随意调动输液管上的调节器，输液速度太快或太慢都对宝宝不利。

（3）注意观察针刺部位。如果发现针刺部位肿胀隆起，表明针尖滑出血管或穿透血管壁，液体已注入皮下组织。要尽快呼唤护士拔出针头，更换部位，重新注射。

（4）注意观察患儿表现。要注意患儿有无不适或疼痛感。患儿往往会因疼痛而烦躁、哭闹或出现发冷、寒战等症状，这时要尽快请医务人员处理。

（5）在吊瓶内液体快滴注完的时候，要及时呼叫护士更换药液或撤掉针头，以避免空瓶时间过长，发生回血。拔出针头后，要用消毒棉签或者棉球轻轻按压穿刺部位数分钟，待不出血就可以停止按压了。注意在按压的过程中不要做局部按揉，以避免出现皮下淤血。

## 五、新生儿尿布疹的护理

尿布疹是指新生儿尿布区域的皮肤因长时间受排泄物刺激而产生的

一种皮肤炎症，也称"尿布皮炎"。这种病一年四季都可发生，主要症状为肛门周围、会阴部、臀部及大腿根部皮肤粗糙发红，并会出现斑丘疹、小脓疱、糜烂和溃疡等现象。

当新生儿的大小便污染尿布时，皮肤上的细菌可分解尿素使之产生氨元素，加上尿布漂洗不净时残留的碱性洗涤剂都会刺激新生儿稚嫩的皮肤，可使新生儿的臀部发红，有渗出物，出现糜烂甚至溃疡的情况。这会给新生儿造成难言的痛苦，使其哭闹不止。

新生儿出现尿布疹时要用温水洗净皮肤，不要用热水和肥皂刺激皮肤。如果用温水擦洗时新生儿哭闹得厉害，也可以试着让新生儿坐在温水盆中洗。洗净后可涂抹鞣酸软膏或鱼肝油等。有可能的话，应让新生儿的臀部多在空气中暴露一段时间，这样有利于消除皮疹。如果尿布疹情况严重，以上护理都不奏效时，应该到医院做理疗，用红外线照射臀部来帮助康复。

预防尿布疹要注意，不要在尿布外包塑料布或使用含一层塑料布的纸尿布。因为塑料布透气性极差，会诱发尿布疹的产生。如果父母怕新生儿尿湿床垫，可以多准备几个薄薄的小垫子，在小垫子下放塑料布就可以了。使用高档尿裤也要注意及时更换，同时还应对新生儿进行排大小便的训练。新生儿20天左右就可试着把大小便。

宝宝良好的生活习惯是要靠家长用心培养的，相信只要有耐心就可以做到。

## 六、新生儿脓疱疹的护理

脓疱疹是一种新生儿期常见的化脓性皮肤病，传染性很强，容易发生自身接触感染和互相传播。由于新生儿皮肤非常细嫩，皮脂腺分泌旺盛，细菌容易堆积在皮肤表面；而且新生儿表皮的防御功能也比较低下，当皮肤有轻度损伤时，就容易致病。

新生儿脓疱疹的病原多来自母亲、家属或医务人员不洁净的手，或者婴儿使用了被细菌感染的衣服、尿布和包被等。在与有皮肤病、化脓性皮肤感染的成年人接触后，或母亲患有乳腺炎时，婴儿发病也会增多。新生儿脓疱疹通常发生后第1个星期。一般病好发在头面部、尿布包裹区和皮肤的皱褶处，比如颈部、腋下、腹股沟等处，也能波及到全身。在气候炎热的夏天或包裹太多，以及皮肤出汗多时更容易发生。脓疱表皮薄，大小不等，周围无红晕，较周围皮肤稍隆起，疱液开始呈现黄色，不久变混浊，大疱破裂后可见鲜红色湿润的基底面，此后可结一层黄色的薄痂，痂皮脱落后不留痕迹。轻症患儿没有全身症状，重症患儿常伴有发热、吃奶不好、黄疸加重等症状。新生儿脓疱疹如果能治疗可以很快痊愈，否则容易迁延不愈，甚至出现大脓疱造成大片表皮剥脱。

预防方法如下。

（1）新生儿皮肤清洁，每天洗澡，炎热天气可以每天洗2~3次。衣着要适宜，不要让新生儿出汗过多。

（2）保护新生儿的皮肤不受损伤，衣服、尿布和被褥要柔软。护理新生儿时动作要轻，勤给新生儿剪指甲，以免抓伤表皮。

（3）避免与有皮肤病的人接触，护理新生儿前要认真洗手。

新生儿脓疱疹的治疗可以根据病情采取以下方法：症状较轻，只有散在脓疱时可用75%酒精消毒小脓疱和周围的皮肤，然后用酒精棉签将脓疱擦破或者用消毒针头挑破，使脓液排出，创面可以曝露、干燥或涂以抗生素软膏。脓疱特别多时，还要加用适当的抗生素治疗。如果发现宝宝的精神不好等症状时，应该请医生诊治。

## 七、新生儿鹅口疮的护理

鹅口疮又叫"雪口病"，是白色念珠菌感染所致。宝宝患鹅口疮的时候，即使不喝奶，口腔里、舌面上也有一层白白的东西，很容易发现。典型的表现是口腔黏膜上出现白色乳凝块样的物质，微微高出黏膜表面，刚开始呈小片状，逐渐融合成大片。

预防鹅口疮的最好的方法是要着重在宝宝口腔的卫生方面。

（1）在喂母乳喂养之前，先用温开水清洗乳头，必要的时候喂奶前后用2%碳酸氢钠水涂抹乳头。

（2）宝宝的食具、奶瓶要保持清洁、干爽，做到定期消毒。

（3）经常用温盐水或者2%苏打水给宝宝清洗口腔，使霉菌不容易生长和繁殖。

（4）发病后，可以用消毒棉签蘸2%碳酸氢钠水清洗患处，每天洗清3~5次。

患有鹅口疮的宝宝通常在用药几天以后病症就会消失，但是鹅口疮特别容易反复发作，所以家长应该在病症消失以后继续用药几天，以巩固疗效。如果是母乳喂养的宝宝，那么医生可能会使用可以涂在乳房上的抗真菌软膏方法进行治疗，但是要注意应该在宝宝进食以后过一段时间再用药，以避免引起宝宝呕吐。

## 八、新生儿黄疸的护理

医学上把未满月（出生28天内）的新生儿所患的黄疸，称之为新生儿黄疸。新生儿黄疸是指新生儿时期，由于胆红素代谢异常引起血中胆红素水平升高而出现于皮肤、黏膜及巩膜黄疸为特征的病症，本病分为生理性黄疸和病理性黄疸。生理性黄疸在出生后2～3天出现，4～6天达到高峰，7～10天消退，早产儿持续时间较长，除了有轻微食欲不振之外，没有其他的临床症状。如果出生后24小时就出现黄疸，2～3周仍然不退，甚至继续加深加重，或者消退后重复出现，或出生后1周至数周内才开始出现黄疸，均为病理性黄疸。

照顾新生儿黄疸宝宝的方法如下。

**1. 要注意宝宝大便的颜色**

如果是肝脏胆道发生问题，大便会变白，但不是突然变白，而是愈来愈淡，如果再加上身体突然又黄起来，就必须立即就医。这是因为在正常的情况下，肝脏处理好的胆红素会由胆管到肠道后排泄，粪便因此带有颜色，但当胆道闭锁，胆红素堆积在肝脏无法排出时，就会造成肝脏受损。这时必须在宝宝2个月内时进行手术，才使胆道畅通或另外造新的胆道来改善。

**2. 观察宝宝日常生活**

只要觉得宝宝看起来愈来愈黄，精神及胃口都不好，或者体温不稳、嗜睡，容易尖声哭闹等状况，都要去医院检查。

**3. 仔细观察黄疸变化**

黄疸是从头开始黄，从脚开始退，而眼睛是最早黄、最晚退的，所以可以先从眼睛观察起。如果不知如何看，可以按压身体任何部位，只要按压的皮肤处呈现白色就没有关系，是黄色就要注意了。

**4. 家里光线不要太暗**

宝宝出院回家之后，尽量不要让家里太暗，窗帘不要都拉得太严实，白天宝宝接近窗户旁边的自然光，电灯开不开都没关系，不会有什么影响。如果在医院时，宝宝黄疸指数超过 15 毫克/分升，医院会照光，让胆红素由于光化的反应，发生结构的改变，变成不会伤害到脑部的结构而代谢（要有固定的波长才有效）。回家后继续要照自然光的原因是自然光里任何波长都有，照光或多或少都会有些帮助。而且家中太暗对宝宝吸收维生素 D 有影响，但不要让宝宝直接晒到太阳，怕会晒伤，而且也怕紫外线带来伤害。

**5. 勤喂母乳**

如果证明是因为喂食不足所产生的黄疸，妈妈必须要勤喂宝宝。因为乳汁分泌是正常的生理反应，勤吸才会刺激分泌乳激素，分泌的乳汁才会愈多。千万不要以为宝宝吃不够或者因为持续黄疸，就用水或糖水补充。

## 九、新生儿出血症的护理

新生儿出血症，是新生儿常见的病症，多于出生后 2～5 日内发病。新生儿由于血液中凝血酶原不足、维生素 K 来源缺乏和肝功能尚不完善，在出生 1 周内凝血因子降到成人的 20% 时，便发生自然出血现象。可通过注射维生素 $K_1$ 等方法治疗。

母孕期服用过干扰维生素 K 代谢的药物者，要在妊娠最后 3 个月期间及分娩前各肌内注射 1 次，维生素每次 $K_1$10mg；纯母乳喂养者，母亲应口服维生素 $K_1$ 每次 20mg，每周 2 次。所有新生儿出生后应立即给予维生素 $K_1$0.5～1mg 肌内注射 1 次，以预防晚发性维生素 $K_1$ 缺乏；早产儿、有肝胆疾病、慢性腹泻、长期全静脉营养等高危儿应每周静脉注射 1 次维生素 $K_1$，每次 0.5～1mg。

护理的要点：加强孕妇的营养，特别是在妊娠晚期更多吃新鲜蔬菜和水果，以增加维生素 K 的摄入量，保证胎儿的需要。对患有肝胆病及在妊娠期用过维生素抑制剂治疗或估计有早产可能的孕妇，在临产前要注射维生素 K，以提高胎儿肝内维生素 K 的贮备量。新生儿出生后肌注维生素 K 1～2 毫克，也有同样的效果。对新生儿的护理要做到早期喂养。新生儿出生后 1～2 小时喂糖水，4～6 小时开始喂母乳；早产儿出生后 4 小时试喂糖水，如果宝宝吮吸吞咽能力好，就可以直接喂母乳，使之有利于维生素 K 的合成。对初生的新生儿，特别是早产或母体缺乏维生素 K 的婴儿，在出生后 1 周内要特别注意观察宝宝的精神、神志、面色、呕吐物和大便情况（主要观察其性质、次数、颜色和量），以及身体的其他部位有无出血倾向。如果有出血，要立即送医院诊治。同时少惊动患儿，保持安静，以减少出血。

## 十、新生儿败血症的护理

新生儿败血症指新生儿期细菌侵入血液循环，并在其中繁殖和产生毒素所造成的全身性感染，有时还在体内产生迁移病灶。这是目前新生儿期很重要的疾病，其发生率约占活产婴儿的 1‰～10‰，早产婴儿中发病率更高。菌血症指细菌侵入人体循环后迅速被清除，无毒血症，不发生任何症状。

### （一）感染的途径

**1. 宫内感染**

母亲孕期有感染（如败血症等）时，细菌可经胎盘血行感染胎儿。

**2. 产时感染**

产程延长、难产、胎膜早破时，细菌可由产道上行进入羊膜腔，胎儿可因吸入或吞下污染的羊水而患肺炎、胃肠炎、中耳炎等，进一步发展成为败血症。也可因消毒不严、助产不当、复苏损伤等使细菌直接从皮肤、黏膜破损处进入血中。

**3. 产后感染**

最常见，细菌可从皮肤、黏膜、呼吸道、消化道、泌尿道等途径侵入血循环，脐部是细菌最容易侵入的门户。

### （二）感染后常见症状

如果有下面这些情况，就要警惕是否可能是败血症了。

**1. 吃奶减少吸吮无力**

新生儿吃奶明显减少，似乎不知饥饿，吮乳时间短且无力，吃奶时容易呛奶。

**2. 哭声低微如"猫叫"**

败血症的宝宝常不哭闹，或只哭几声就不哭了，而且哭声低微。

**3. 体温不升，手足发凉**

新生儿患败血症时，不是体温高，而是体温低。测体温时在35.5℃以下，宝宝手足发冷。

**4. 全身软弱四肢少动**

新生儿屈肌张力高,四肢屈曲,或不停地活动,小手会紧紧抓住你的手指;而败血症的宝宝四肢及全身软弱,你拉他(她)的上肢,也无明显的屈曲反应,你松手,他(她)的上肢会自然坠落下来,手也不会抓紧你的手指,而且四肢很少活动。

**5. 反应低下、昏昏欲睡**

正常新生儿在受到刺激时可作出适当反应,如惊醒、注视、微笑等。而患败血症的宝宝则表现为反应能力低下,精神萎靡或昏昏欲睡。

**6. 黄疸不退或退而复现**

正常生理性黄疸应该逐步消退,新生儿败血症时生理性黄疸持续不消退,反而加剧;或黄疸消退后又出现黄疸。

**7. 体重不增**

正常新生儿出生后有生理性体重下降,但下降的时间在出生后3~4天最明显,下降的幅度不超过出生时体重的10%,以后逐渐恢复;在出生后7~10天恢复到出生体重,以后宝宝每天体重增加约50克,满月时体重增长在750克以上。而败血症的新生儿,生理性体重下降超过正常范围,在体重增长期体重不增加。

**(三) 护理**

(1) 避免交叉感染。当体温过高时,可调节环境温度,打开包被等物理方法或多喂水来降低体温,新生儿不宜用药物、酒精擦浴、冷盐水灌肠等刺激性强的降温方法。体温不升时,及时给予保暖措施;降温后,30分钟复测体温1次,并记录。

(2) 喂养时要细心,少量、多次给予哺乳,保证机体的需要。吸吮无力者,可鼻饲喂养或结合病情考虑静脉营养。

(3) 清除局部感染灶如脐炎、鹅口疮、脓疱疮、皮肤破损等,促进皮肤病灶早日痊愈,防止感染继续蔓延扩散。

**(四) 疾病预防**

预防新生儿败血症要注意围产期保健,积极防治孕妇感染以防胎儿在宫内感染;在分娩过程中应严格执行无菌操作对产房环境、抢救设备、复苏器械等要严格消毒;对早期破水、产程太长、宫内窒息的新生儿,出生后应进行预防性治疗;做新生儿护理工作应特别注意保护好皮肤黏膜脐部免受感染或损伤,并应严格执行消毒隔离制度。此外,还要注意观察新生儿面色、吮奶、精神状况及体温变化，保持口腔、脐部皮肤黏膜的清洁，如有感染性病灶应及时处理。

## 十一、新生儿脐炎的护理

脐带是母亲供给胎儿营养和胎儿排泄废物的必经之道。出生后，在脐带根部结扎、剪断。一般出生后 7～10 天脐带残端脱落。脐带血管与新生儿血液相连，新生儿脐炎是由于断脐后，脐带伤口处理不当，被细菌入侵、繁殖所导致。轻者表现为脐渗液、渗血或脓液凝结，这时候如果不及时处理，可以发展为局部红肿，有脓液渗出，严重者红肿明显、脓液增多，脐窝内组织腐烂、有臭味，宝宝会出现拒奶、少哭、发热、烦燥不安等症状；细菌进入血循环会引起败血症而危及生命。

预防及护理措施如下。

（1）掌握常规的消毒方法，仅消毒表面是不够的，必须从脐的根部由内向外环形彻底清洗消毒。

（2）避免大小便污染，最好使用吸水、透气性能好的消毒尿布，孩子哭闹的时候要检查尿布有无湿。如果已经湿了，要及时更换。

（3）洗澡的时候，注意不要洗湿脐部。洗澡完后，要用消毒干棉签吸干脐窝水，并用 75% 酒精消毒，保持局部干燥。

（4）注意观察脐带有无潮湿、渗液或脓性分泌物，如果有要及时治疗。采用 3% 双氧水彻底清洗脐部，消毒干棉签吸干后再用 95% 酒精脱水，干燥后敷上碘伏粉（以抑制创面分泌物及化脓，并有止痛作用）；炎症明显者可敷上百多邦软膏或按医嘱选用抗生素治疗。

（5）脐带残端脱落后，注意观察脐窝内有无樱红色的肉芽肿增生。如果有，要及早处理，防止肉芽过长而延误治疗，可采用 10% 硝酸银溶液烧灼治疗。

（6）注意脐茸、脐瘘、脐渗血或脐部蜂窝组织炎等，要及时处理。

（7）遇到脐带残端长时间不脱落，应观察是否断脐时结扎不牢，有少量血循环，这个时候要考虑重新结扎。

（8）避免在家中土法接生，剪刀不消毒或者开水一烫便剪脐带，造成感染而导致破伤风。

（9）进行婴儿脐部护理的时候，要先洗手，注意婴儿腹部保暖。

## 十二、宝宝服用铁剂的护理

铁剂量以元素铁计算，口服量为每千克体重每日 4~6 毫克，分2~3 次口服，疗程为 2~6 个月。长期服用可导致铁中毒。

由于铁剂对胃肠道的刺激，可引起胃肠不适及疼痛、恶心、呕吐、便秘或腹泻。所以口服铁剂应从小剂量开始，在两餐之间服用。

可与维生素 C 同服，以利吸收；不能与抑制铁吸收的食品同服。

服铁剂后，牙往往黑染，大便呈黑色，停药后恢复正常。

［观察疗效］

铁剂治疗有效者，于服药后 3~4 天网织红细胞上升，1 周后可见血红蛋白逐渐上升。如果服药 3~4 周无效，应查找原因。

## 十三、宝宝发热的护理

如果你发现宝宝有点儿发蔫，没有胃口，身体发热，那他可能是发烧了。这时，有 4 件事情需要你去做。

（1）测量体温　如果你感觉宝宝可能发烧了，第一件要做的事情就是测量体温，了解宝宝的发烧情况。此时需要选择方便而安全的体温计给宝宝测量。

（2）多喝水　降低体温主要通过皮肤排汗、增加排尿次数等完成。所以，要少量多次地给宝宝喝水。

（3）物理降温　将宝宝的外衣脱掉，用温的湿毛巾擦拭宝宝的额头、脖子、手腕、脚腕等处；也可以给他洗个温水澡，水温略高于体温就行。

（4）吃退热药　家里一定要常备退烧药。发烧超过 38.5℃时，可以根据宝宝的体重给他服用药物。滴剂、糖浆剂类退烧药都适合宝宝服用。

［注意事项］

如果宝宝发烧了，千万别给他穿太多衣服，也不要总抱着他，否则不利于散热。房间的温度不要超过20℃，要尽量开窗通风。

宝宝持续发烧或者精神状态不好、呕吐、出皮疹时，应该马上去看医生。

虽然发烧不是病，是身体对病毒入侵的反应，但一定要采取降温措施。因为发烧过高或者体温突然变化过大，会引起严重后果。

## 十四、宝宝咳嗽的护理

咳嗽是为了排出呼吸道分泌物或异物而发生的一种机体防御反射动作。可是说咳嗽是宝宝的一种保护性生理现象。婴儿咳嗽可以分解为4个动作：声门关闭；膈肌、肋间肌收缩，肺内压增高；短而深的吸气；声门开放，肺内高压空气在膈肌的快速收缩下被挤压喷射而出。正是这4个连贯的动作组合成了一个完整的"咳嗽"过程，同时才决定了咳嗽有不同性质、节律、声音和特性。

婴儿咳嗽的性质：干咳或刺激性咳嗽：多见于上呼吸道感染、气管炎、肺炎、支气管异物等疾病；湿性咳嗽或多痰性咳嗽：多见于支气管炎、支气管扩张、肺脓肿、肺结核等疾病。

咳嗽又可以分为急性咳嗽和慢性咳嗽。急性咳嗽主要见于急性感染性疾病，包括上呼吸道感染和下呼吸道感染；慢性咳嗽主要见于过敏性疾病和异物吸入。对于不同类型的咳嗽护理方法也各有不同，但对于患儿家长还是要做到以下几点。

（1）鼓励宝宝多休息，兴奋或者运动都可以加重咳嗽和痰多。

（2）保持室内空气流通，避免煤气、尘烟等刺激。

（3）咳嗽期间减少剧烈的户外活动，不要带他去人多的公共场所。

（4）关注天气变化，注意冷暖，做到及时给宝宝增减衣服，保暖对于孩子咳嗽很重要。

（5）咳嗽时急速气流从呼吸道中带走水分，造成黏膜缺水，应注意给孩子多喝水、多吃水果。

（6）少吃辛辣甘甜食品。辛辣甘甜食品会加重宝咳嗽症状。很多家长喜欢给孩子煮冰糖梨水，如果冰糖放得过多，不但不能起到止咳作用，反而会因过甜使咳嗽加重。

（7）对于有过敏性咳嗽的孩子，家中的尘螨、粉尘、猫狗毛、霉菌孢子或蟑螂的分泌物，都可以导致孩子发生过敏性咳嗽。需要把枕头、床垫、棉被拿到阳光下曝晒及经常清洗，将枕头、床垫、棉被套上防螨被套，避免绒毛玩偶，更要避免养猫、狗等宠物。

## 十五、宝宝呕吐的护理

呕吐是由于各种原因引起的食道、胃和肠管的逆蠕动，同时伴腹肌和膈肌的强烈痉挛收缩，迫使食管和胃肠道内容物从口中涌出的一种症状。呕吐，有时也是人体的一种本能防御机制，可将食入的对人体有害的物质排出，从而起到保护作用。几乎任何感染或情绪紧张都可以引起呕吐。

## （一）呕吐的不同类型

### 1. 溢乳

多见于 6 个月内的婴儿，尤其是新生儿。这与水平胃、贲门括约肌松弛、幽门括约肌紧张及喂养不当有关，表现为少量的奶汁反流入口内或溢出口腔。一般改进喂养方法或者随年龄增长可自愈。

### 2. 反胃现象

由于下颌和咽部肌肉运动加强，使胃内容物反流入口腔，这种现象在 6 个月以上的婴儿比较容易出现，同时还会伴精神状态异常的现象，导致营养不良和体格发育障碍。

### 3. 普通呕吐

吐前常有恶心，以后吐一口或连吐几口。连吐或反复呕吐均是病态的，多见于胃肠道感染、过于饱食和再发性呕吐。

### 4. 喷射性呕吐

吐前多无恶心，大量胃内容物突然经口腔或鼻腔喷出。多为幽门梗阻、胃扭转及颅内压增高等情况所导致。

## （二）呕吐的护理

针对孩子的非器质性病变引起的呕吐，护理方法如下。

（1）提倡抱起喂奶，必须卧位哺乳时，采用头高脚低位。母乳喂养者，每次哺乳前温开水擦洗乳头，并以四指托起乳房，拇指置于乳头上乳晕处，减慢乳汁的流出；人工喂养者每次哺乳前用开水泡洗奶具，奶液充满奶头后再给予哺乳，乳头孔不能过大。哺乳后直立抱起并拍背，使新生儿将吞咽的空气排出，哺乳后不易短时间内抬起下肢更换尿布。

（2）对经常呕吐的婴幼儿如果排除了器质病变、消化道炎症，那么大多是胃食道反流。可选择头高脚低侧卧位，以头部抬高 15° 为宜；对胃食管反流的患儿可取头侧俯卧位，每次 20 分钟，每日 2～4 次。但是俯卧期间一定有专人护理，防止呼吸暂停，这样可降低反流频率，减少呕吐次数，防止呕吐物误吸，避免吸入性肺炎及窒息的发生。

（3）再发性呕吐和神经性呕吐：要加强体育锻炼，增强体质，生活规律，切忌暴饮暴食，尽量保持身心安静，进食时不要过于勉强。此外，一定不要给患儿增加任何压力，否则会加重呕吐。患儿应合理安排生活，包括饮食制度，加强体育锻炼和增加生理睡眠时间。周围人不要过分注意孩子的呕吐症状，应避免在孩子面前表现得紧张和顾虑，以提高其治疗的信心。同时保持环境清洁，患儿呕吐物及时处理，污染的衣服、床单、被子及时更换，以免继续刺激患儿。呕吐时，应守护在其身边，给予精神安慰；呕吐后，及时帮助漱口，勤给患儿洗澡，清除因呕吐留在身体上的异味。

（4）对于容易呕吐的孩子，尤其是感冒后或者咳嗽后呕吐的，应当在平时加强营养和体育锻炼以提高机体免疫力，或者服用牛初乳、转移因子以预防感冒；饮食要定时定量；不要太饱；食物一定要新鲜卫生；不要给患儿吃过于辛辣、熏烤和肥腻的食物。

（5）小儿服药时也容易引起呕吐者，在喂药液时，药液不要太热，太冷；难喂药的小儿也可采用少量多次服用法；必要时也可服一口停一会儿然后再服用。呕吐后及时清洁口腔、面部、颈部皮肤，更换被污染的衣物、床单。

（6）有些孩子先天咽反射比较敏感，容易引起呕吐。表现为一有感冒就容易出现呕吐，所以在看医生的时候应当与医生讲明，这时候应当吃容易消化的流质或半流质的实物，吃得不要太饱，一般是平时饮食的一半左右。

## 十六、宝宝便秘的护理

小宝宝的消化功能尚不完善，容易出现腹胀及便秘的现象。宝宝便秘后，千万不要手忙脚乱，只要细心喂养，讲究科学护理，宝宝就会很快康复的。

### 1. 饮食调节

对于吃牛奶的孩子，要适时地添加润肠辅食，如蔬菜汁、新鲜水果汁、西红柿汁等。一般这类水果，自己在家里制作起来，又方便又卫生，一次不要做太多，一次做一点，让宝宝一天吃上几次。到了宝宝4个月左右时，就可以吃些菜泥或果泥了。另外，每天要保证宝宝有一定的饮水量，不能因为牛奶中含水分，就不给宝宝喝白开水。

## 2. 训练排便习惯

要教宝宝如何用力，形成习惯后，一抱宝宝到厕所摆出姿势，他就知道要拉便便了，就会开始用力的。而对宝宝也要注意观察，当宝宝玩耍时，突然不动，脸上涨红，也是他要拉便便的信号了。

## 3. 借用辅助物

宝宝有几次拉不出便便，不要用开塞露或肥皂条，以防宝宝对这类药物产生依赖性。可以用麻油擦在宝宝的肛门上，效果也很不错。

## 4. 不滥用导泻药

如经常服用导泻药，会使肠壁活动依赖于药物，导致肠道功能失调，反而会使便秘加重。

## 5. 适当服用通便食品

对于长期便秘的孩子可以在医生指导下服用一些调整肠道功能的保健食品，如腹安乳酸菌片等。另外，每天晚上为宝宝做顺时针的腹部按摩，也是很有效果的。

# 十七、宝宝腹泻的护理

腹泻是婴儿常见的病症。婴儿消化功能不成熟，发育又快，所需的热量和营养物质多，一旦喂养不当，就容易发生腹泻。常见的腹泻原因有：进食量过多或次数过多，加重了胃肠道的负担；添加辅食过急或食物品种过多，以及食用过多油腻带渣的食物，使食物不能完全被消化；喂养不定时，胃肠道不能形成定时分泌消化液的条件反射，致使婴儿消化功能降低等。另外，由于食物或用具污染，使婴儿吃进带细菌的食物，引起胃肠道感染。婴儿患消化道以外的病如感冒、肺炎等，也可以因消化功能紊乱而导致腹泻。环境温度过低、过高时，小儿也可能出现腹泻。婴儿腹泻后应做好以下几件事。

## 1. 千万不要禁食

不论何种病因的腹泻，婴儿的消化道功能虽然降低了，但仍可消化吸收部分营养素，所以吃母乳的婴儿要继续哺喂，只要婴儿想吃，就可以喂。吃牛奶的婴儿每次奶量可以减少1/3左右，奶中稍加些水。如果减量后婴儿不够吃，可以添加含盐分的米汤，或辅喂胡萝卜水、新鲜蔬菜水，以补充无机盐和维生素。已经加粥等辅助食品的婴儿，可将这些食物数量稍微减少。要根据婴儿口渴情况，保证喂水。

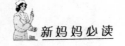

**2. 早期发现脱水**

当婴儿腹泻严重，伴有呕吐、发烧、口渴、口唇发干，尿少或无尿，眼窝下陷、前囟下陷，婴儿在短期内"消瘦"，皮肤"发蔫"，哭而无泪，这说明已经引起脱水了，应及时将患儿送到医院去治疗。

**3. 预防脱水**

用口服补液盐不断补充由于腹泻和呕吐所丢失的水分和盐分，脱水便不会发生。口服补液盐（ORS）1000毫升，内含氯化钠3.5克，碳酸氢钠2.5克，氯化钾1.5克，葡萄糖20克，用量遵医嘱，但预防脱水和治疗脱水用的量和喝的速度是不同的。口服补液盐含糖浓度为2%，研究证明这种糖浓度最利于介导盐和水进入体内，以补充腹泻时的损失，它的效果已被世界公认，是预防和治疗腹泻脱水的良药。

**4. 不要滥用抗生素**

许多轻型腹泻不用抗生素等消炎药物治疗就可自愈；或者服用妈咪爱等微生态制剂、思密达等吸附水分的药物也很快病愈，尤其秋季腹泻因病毒感染所致，应用抗生素治疗不仅无效，反而有害；细菌性痢疾或其他细菌性腹泻，可以应用抗生素，但必须在医生指导之下治疗。

**5. 做好家庭护理**

家长应仔细观察大便的性质、颜色、次数和大便量的多少，将大便异常部分留做标本以备化验，查找腹泻的原因。要注意腹部保暖，以减少肠蠕动，可以用毛巾裹腹部或热水袋敷腹部；注意让婴儿多休息，排便后用温水清洗臀部，防止红臀发生，应把尿布清洗干净，煮沸消毒，晒干再用。

## 十八、宝宝营养不良的护理

对于营养不良的宝宝要注意，在家中调理宝宝的饮食，在饮食中进行营养不良的调护。

由于营养不良患儿的抵抗力低下，必须保持舒适清洁的生活环境，保持室内空气新鲜、阳光充足、温度适宜，冬天注意保暖，避免受凉，热天多用温水擦浴，促使血液流通，注意饮食卫生，喂养要耐心，防止呕吐。

根据病情的轻重，消化功能的强弱，以及患儿对食物的耐受能力，给予合理的饮食，补充足够的热量。给宝宝营养丰富的多样化食品，尽可能选用高蛋白和高热量的食物，要有足够的进食量，从小量开始，逐步增加以免引起腹泻，多吃富含矿物质和维生素的蔬菜和水果，保证多种营养物质的消化吸收。

特别消瘦的患儿，被褥要柔软，要经常轻轻地帮助翻身，以防止褥疮的发生。

注意患儿大便的次数、量、色泽、性状，以及有无蛔虫和不消化物，随时记录，以便及时发现问题。

患儿多数胃口差，吸吮力弱，往往不能吸空乳房的乳汁，因而吃不到蛋白质含量高的后半部分乳汁，造成营养不良。这类婴儿如果脂肪消化功能正常，建议母亲先挤出前1/3的乳汁，让孩子吸吮后2/3的乳汁。这样，能保证足够的蛋白质和脂肪摄入，有助于治疗营养不良。

[**配合饮食疗法**]

蛋白乳：在1瓶脱脂牛奶中加入半瓶制作酸牛奶中的蛋白质凝块即成，含有丰富的蛋白质和较少的脂肪，对腹泻并伴有营养不良的小儿特别适合。

芡实粥：用芡实10克煎水至芡实开花，泌去芡实，用优质白米加芡实水中慢火煲1小时，加少量盐调味即可食用，具有养胃健脾的功效。

淮山瘦肉汤：取淮山药15克洗净、猪瘦肉50克切块、蜜枣半个一同放沙锅中慢火煲，1小时后即可加盐调味食用，具养阴健脾之功效。

建立合理的生活制度，保证宝宝有充足的睡眠，纠正不良的卫生习惯，适当安排户外活动及锻炼身体，多让宝宝呼吸新鲜空气、晒太阳、增加活动量，以增进食欲，提高消化能力和抗病能力。

## 十九、宝宝中耳炎的护理

（1）保持冷静。如果接受适当的治疗，中耳炎不过和感冒一样，是一种很普通的疾病，有它的自然病程。

（2）若宝宝得了中耳炎，需要得到充分的安静与休息。睡觉时，尽可能垫高头颈部，减少其充血肿胀，以免损伤欧氏管及令中耳炎症更厉害而疼痛加剧。

（3）哺乳中的孩子，尤其是周岁以下的婴儿，避免让他躺着喝奶，因为婴儿的欧氏管较短、较宽、较水平，躺着喝奶有时会倒溢入中耳腔，而将鼻咽部的病原菌带入。

（4）发烧时，应给予充足的水分，因为发烧会使体热散失而致脱水，使孩子更虚弱，抵抗力更差，影响耳病复原。水分的给予，应选择含有实质东西即溶质者，像果汁、蜜水、牛奶等，这种水分比较容易吸收，不像白开水，是一种有利尿作用的溶剂，吸收量少且反而浪费体力。

（5）随时注意小孩全身状况。在治疗照顾下，两三天内炎症都会被有效控制。如情况未改善，反而更恶化，有嗜睡、颈僵硬现象，则可能已有并发症，应赶快到医院就诊。

（6）不要以为耳痛、发烧等短暂的表面症状缓解就表示中耳炎已经痊愈，继续追踪诊治其遗留下来的积液问题，是必须要有的基本概念。

## 二十、宝宝湿疹的护理

好多家长觉得新生儿的抗病能力比较弱，总怕宝宝冻着，总让孩子穿得比成年人要厚一些。此时，屋子里面太热或者通风不良、空气不流通则都可能刺激宝宝的皮肤，让他的湿疹发作更严重。

还有一些原因，如婴幼儿喂养不良、大便干结也可能诱发湿疹。湿疹的原因很多，很难判断某一项或者哪几项因素会引起的湿疹。对于家长来说，最重要的就是相对去除可能导致湿疹的一些原因，加强护理，避免致敏因素。

湿疹有3种类型。第一种是干燥型的：这种湿疹主要是红色的丘疹，丘疹表面有糠皮样的脱屑，且比较痒。第二种是脂溢型：皮肤有点潮红，小的斑丘疹渗出来黄色的脂性液体，比较常形成黄色的痂体，最容易出现在孩子的头顶上、眉毛上缘、外耳道、耳朵后、鼻翼两侧，但痒感不是很重。另外一种是渗出型：比较胖的婴幼儿较为常见，湿疹呈水性的疮，也比较痒，宝宝不小心挠了脸之后有黄色的浆液渗出，慢慢蔓延到四肢、躯体，容易引发皮肤感染。

尽可能找到引起宝宝湿疹的原因，再针对不同类型的湿疹外擦不同的药。一般是局部用药，特别严重的也可以少量全身用药品。渗出型的皮疹当中最好用硼酸水湿冷敷；干燥型的湿疹用一些洗剂、油剂、乳剂、泥膏剂的药物；如果水泡有糜烂一般用油剂治疗。具体孩子用什么药，最好遵皮肤科医生医嘱。

孩子在局部抹了肤乐霜等激素类的药物后见效非常快，但是这个疾病很容易反复，而且激素本来就有反跳现象，特别是干燥性的湿疹，抹了肤乐霜之后，再抹一层不容易引起孩子过敏的润肤霜，令皮肤保持湿润就能让很多宝宝的湿疹发生率减少很多。

皮肤的干燥，说明其局部没有保护层，引起湿疹的可能性更多一些。局部用了激素类的药膏显效之后一定要停，但不要一下子停掉，因为激素类药物有反跳现象。可以由一天抹 3 次，到见好后一天抹 2 次，再之后局部把药停掉。

家里一定注意空气保持流通。初夏时，新生儿房间保持自然温度就可以，但一定要保持通风，至少上午 1 次、下午 1 次，每次半个小时。当气温到30℃以上且非常潮湿的时候建议给孩子用空调。并非新生儿不能用空调，只是要注意空调的温度不要太低，一般在 27℃ ~ 28℃，感觉到在屋子里面不热、不出很多汗、凉爽适宜就可以了，千万不要感觉到冷。新生儿所住的房间空调不宜打开，而可打开隔壁房间的空调，让冷空气流通起来，既能起到空气流通的效果，也可间接降低温度。这样产妇比较舒服，新生儿也比较舒服，能更好地度过这个夏天，减轻孩子湿疹的发生率。

## 二十一、宝宝过敏的护理

宝宝的过敏症状中最常出现的是过敏性鼻炎、过敏性角膜炎、异位行皮炎、哮喘等。这些年来因为环境污染的恶化，过敏体质的孩子越来越多。抗过敏，就成为了妈妈们在立春以后首要的任务。

### （一）给宝宝纯净的环境

减少家中的植物装饰。盆栽植物中潮湿的土壤是理想的霉菌繁殖地，易导致孩子真菌过敏。

保持室内干燥通风，不要使用厚窗帘。不要让屋内充满烟雾。

家长或客人不在室内吸烟。避免带孩子到吸烟的公共场所。

定期清洁空调过滤网。

清除室内尘螨。可每周用55℃以上的热水洗涤床上用品，并在阳光下晒干。使用高织棉被套。

不用填充玩具或长毛绒玩具，不铺设地毯和挂毯。

过敏体质的幼儿接种疫苗应谨慎，因为某些疫苗含异种蛋白质，很可能引发过敏症状。

经常带孩子锻炼，增强体质，减少感冒的发生。

有过敏体质的孩子 90% 以上均对螨虫过敏。有灰尘的地方就有螨虫的存在，所以家庭环境一定要整理干净，可以使用空气滤清器或者除湿机，以降低室内的尘螨量；憋了一冬的屋子，到了春天一定要每天都定时开窗通风 1 小时以上。另外，近年来也有很多的防尘螨的家饰，可以配合使用，只要能降低空气中的尘螨，宝宝的过敏症状就能获得改善。

### （二）避免引起过敏的食物

过敏体质在中医辨证多认为属虚寒体质，最忌吃冰冷的食物（指温度而不是食性）。很多孩子在吃完这些食物后，就会引起过敏症状的爆发。所以父母要绝对禁止给过敏的孩子吃冰冷的食物。

其他的比如牛奶、鸡蛋、花生、巧克力、芒果、海鲜等食物，也是容易引起过敏的，需要引起注意。一旦有皮肤发痒、呼吸急促的情况发生，一定要立刻检查孩子在过去一天的饮食结构，并停止摄入引发过敏的高危食物，避免发生更严重的过敏反应。

### （三）适合过敏体质孩子摄取的食物和药材

主要包括富含维生素和植物性蛋白质的食物，比如大豆、糙米、豆类制品、栗子、胡萝卜、苹果、卷心菜等，都是很棒的选择。

适当搭配药物，也能缓解孩子的过敏症状，通常过敏体质的孩子，可以简单的归纳为 3 种类型。

**1. 先天肺气不足**

通常这类孩子的问题出现在呼吸道上，容易伤风感冒、多汗、痰多，严重的时候有呼吸急喘的情况。这类孩子，常用的中药有西洋参、党参、黄芪、紫苏、生姜、防风、百合、枇杷叶、川贝母、白果、杏仁、桔梗、柿霜、五味子、甘草、沙参等。

**2. 先天脾胃虚弱**

这类孩子的问题多表现在肠胃功能的紊乱、消化不良、胃口差、消瘦、容易呕吐、腹泻或者便秘，通常可以用的中药有白术、甘草、茯苓、山药、白扁豆、大枣、砂仁、木香、麦芽、山楂、谷芽、陈皮、丁香、鸡内金、肉桂、乌梅等。

### 3. 先天肾气不足

这类孩子多见于父母亲在怀孕的时候体质就没调整好，中医学的说法就是先天禀赋不足，所以常见是过敏症状出现得很早，甚至一出生就有过敏的表现，或者过敏症状比一般的孩子要严重。发育上也要比同龄的孩子迟缓。对于这样先天体质不好的孩子，一般用的中药有枸杞子、冬虫夏草、山药、桑椹、黑芝麻、核桃、枣肉（去核）、熟地黄、紫河车、附子、肉苁蓉、覆盆子、益智子、鹿茸、蛤蚧等。

西医改善过敏除了抗敏药，还建议定期服用高纯度的益生菌（每克含量 100 亿~200 亿活性菌）。

### （四）运动可减轻过敏症状

有广泛的权威资料说明：过敏体质的孩子，吃药过敏症状时好时坏。但是适度运动后，过敏的症状就会有明显的改善，尤其呼吸道过敏的孩子！

运动可以提高孩子的免疫功能。免疫功能的提高，往往能减轻过敏的症状，尤其建议有过敏体质的孩子，要经常游泳。可以选择温水游泳池，因其无季节的限制可以持续达到运动的效果。

## 二十二、宝宝头部受伤的护理

头部受伤后，即使当时没有发现严重受伤的证据，在以后 24~48小时内，仔细观察你的小孩是非常重要的。受伤的表现可能在迟些时候出现。以往建议：即使在夜间，在受伤后的第一个 8 小时内，也应每 2个小时叫醒并检查你的孩子，在以后的 18 个小时，每 3~4 小时检查一次。但最新的观点认为，如果是宝宝头部外伤，很少出现夜间在睡眠中死亡，所以不建议叫醒他，而是要求家长在最初数小时密切观察。儿童自己痛醒了则应该特别注意。

如果发现下列情况，请立即就诊。

（1）你的宝宝不能说出自己的名字（婴儿除外）。

（2）意识模糊（不知道自己在何处）。

（3）要唤醒宝宝有困难或者小孩似乎很想睡觉（由于受伤后感觉疲倦，这也可能是正常现象）。

（4）表现出头晕或不能保持身体的正常平衡。

（5）一条上肢或下肢似乎失去力量。

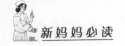

（6）宝宝自述或者表现出看东西模糊不清，或者出现复视。

（7）反复呕吐（受伤后宝宝呕吐 1～2 次是正常的）。

（8）发生抽搐（身体以一种不能自我控制的方式快速抽动）。

（9）从宝宝的耳朵或鼻孔里流出液体或者血。

（10）有持续性头痛的表现。

## 二十三、宝宝被昆虫叮咬的护理

儿童最常见的昆虫叮咬是蚊子、蜜蜂或黄蜂等。被叮咬后宝宝的局部皮肤会产生瘙痒或疼痛。但一些宝宝，特别是有过敏体质的宝宝会产生严重的反应，甚至会危及到生命，这种反应叫"过敏性休克"，需要急诊处理。

昆虫叮咬后会引起的症状有：出现小红丘疹；局部瘙痒；在个别的情况下，出现叮痕（即平滑、突起、发红的皮肤）或硬肿。

预防的方法是在昆虫活动较多的地方，给宝宝的暴露部位涂驱蚊剂，可以预防昆虫的叮咬。当你预料宝宝可能接触昆虫时，可以给他穿长裤子和轻面料的长袖衣服。

避免宝宝穿印有明亮色彩或花样图案的衣服，不要给宝宝使用香皂、香水和发胶，因为这可能会吸引昆虫。

如果被昆虫叮咬后，症状会持续几个小时或者数日。虽然昆虫叮咬令人不舒服，但通常症状在次日便会消失，不需要医生进行特殊治疗。为了缓解因蚊子、苍蝇、跳蚤和臭虫叮咬引起的瘙痒，可以对除了眼睛和生殖器以外的部位使用冰敷或炉甘石洗液。

被昆虫蜇伤后的症状有局部刺激与疼痛、发红、肿胀。

预防的方法是避免去昆虫巢穴或昆虫聚集的地方，例如车库、淤滞的水池、未覆盖的食物和糖果、正在开花的果园和花园。如果宝宝骚扰了一个蜂巢，就应帮助其尽快远离。因为蜜蜂尾针会释放出同类可以识别的报警激素，增加宝宝被其他蜜蜂蜇伤的可能性。

如果被蜇伤，尽快将蜜蜂遗留在皮肤上的尾针彻底去除，可以防止更多的毒素被皮肤吸收。如果尾针可以看见，用卡片或指甲轻轻水平挂动即可除去，也可以使用镊子或指甲将其拔除。事情发生后 2～3 天，蜜蜂蜇伤或蚊子叮咬的部位可能肿得更加厉害。

如果宝宝被黄蜂或蜜蜂蜇了，可将衣服浸泡在冷水中，然后覆盖在受伤部位以减轻疼痛和肿胀。其他一些措施也会有效，包括服用含有抗组胺药物和利用日常家庭用品（例如发面苏打、氨水和醋）的清洗。如果瘙痒严重，应及时就医。

保持宝宝的指甲短而清洁，减少因抓挠而引起的感染。如果叮咬部位确实感染，会更加红肿。有时在受伤部位还可以发现红色或淡黄色液体。需要让儿科医生检查受伤部位，因为可能需要抗生素治疗。被蜇伤后的皮肤症状，一般在 48 小时内消失。但个别宝宝对毒素过敏，被昆虫叮咬后有可能会出现荨麻疹或过敏性休克等全身反应。过敏性休克表现为面部与口部肿胀，呼吸困难，有喘鸣音，吞咽困难，嗜睡等。这时要立即叫救护车或带宝宝到附近医院的急诊就诊。

## 二十四、宝宝骨折的护理

一旦宝宝有骨折症状发生，父母应迅速且动作轻柔地检查宝宝全身状况。如果宝宝昏迷，首先应重点检查头部及神经系统是否有损伤，因为这会即刻危胁宝宝的生命。如果宝宝出现面色苍白、出冷汗、脉搏快而弱、主诉口渴、血压下降等症状，可能是断骨刺破大血管引起大出血，应当紧急处理，及时止血。如果断骨刺破胸膜引起气胸，应紧急处理气胸。如果宝宝已不能走动或失去知觉，严重失血或停止呼吸，请按以下步骤操作。

（1）拨打医院的急救电话，并努力让宝宝平静下来。

（2）不要试图移动宝宝，特别是伤到头骨、臀部、骨盆、脊椎骨或大腿时；也不要试图拉直受伤骨骼或改变它的位置。

（3）一旦需要给宝宝动外科手术，就不要让宝宝吃任何东西，也不要喝水。

（4）如果宝宝失血情况严重，马上用消毒绷带或干净的布压住受伤部位止血。

（5）如果宝宝只是小型骨折，如胳膊或手指，宝宝虽会非常疼痛，但还能够移动受伤的部位，这并不意味着没有骨折。父母可以自行带宝宝去医院。

（6）如果伤在前臂或小腿，在医护人员不能及时赶来的情况下，可先用夹板固定住受伤部位。如果伤在上臂或肩膀，可用布做成一个三角形的悬挂带（三角形悬挂带可以兜住整个受伤胳膊，避免伤害加重），将受伤的胳膊挂在未受伤的肩膀上，然后再脖子后打结。如左胳膊受伤，悬挂带要挂在脖子右侧。

宝宝骨折后建议父母制作简易夹板。正确的使用夹板可以固定受伤部位。移动受伤的骨骼不但可能引起剧痛，还可能对骨骼、周围肌肉、血管以及神经等部位造成更多的伤害。具体步骤如下。

（1）不要移动受伤的胳膊或腿。

（2）利用比较坚硬的材质制作夹板，如木头、金属或塑料。卷起来的报纸或杂志也可以。

（3）确保夹板要长于受伤的骨骼。这是为了固定受伤部位以上和以下的关节。

（4）为夹板加上纱布或棉毛巾使其更柔软舒适，不至于伤到宝宝的肌肤。

（5）用布或胶带将夹板牢牢地固定在受伤的骨骼上，但不要绑的太紧，以免影响血液循环。

（6）使用冰块冷敷，可以缓解骨折处的疼痛和肿胀。

骨折处被石膏固定后的注意事项：如果宝宝不幸骨折并且打上石膏，家长要护理好宝宝，帮助宝宝尽快恢复：石膏固定好后，家长要注意帮助宝宝保护好石膏，防止折断、脱落和受潮。可用枕头和毛巾等抬高骨折的肢体，高度可稍超过宝宝平卧时心脏的水平位置，这样有利于静脉血液的回流，减少受伤部位的肿胀、疼痛，促使骨折愈合。对宝宝骨折的肢体做早期功能的锻炼，且应在专业人士的帮助下进行。

拆除石膏后，肢体、关节运动受限，这是正常现象，主要是由于骨折的肢体活动减少、肌肉萎缩引起的。只要经过一段时间的功能锻炼，一般会恢复正常。

## 二十五、宝宝眼、耳、鼻内异物的处理

宝宝的眼睛进入异物时，千万不要揉搓，如系细小灰尘和睫毛，可以拨开眼睑，用棉球或干净手绢沾出来；如果异物较大较多，比如沙子扬进眼内时，可以让宝宝侧着头，用细小水流的纯净水轻柔地从内眼角向外眼角冲洗，注意不要让水流入耳朵。异物难以取出时要马上就医。

耳内进入小虫、蚂蚁，可以在外耳抹蜂蜜吸引其爬出。其他较深的耳内异物也不要强行掏取，应请医生处理。如果宝宝耳朵、鼻子进了小

虫子，可以用手电筒照，引虫子飞出来，如果不能飞出要立刻到医院接受治疗。有些宝宝会把小异物塞进鼻腔，如果宝宝不会擤出来，家长不要用器械去掏，以免伤害鼻腔或捅得更深，要马上送医院请医师解决。

## 二十六、宝宝流鼻血的处理

让宝宝坐下，头向前倾，使鼻血顺利流出来。然后让用手捏住宝宝的鼻子，令宝宝用嘴呼吸。10分钟后，如果血还没有止住，就再捏2次，每次10分钟。止血后，把鼻子擦干净，告诉宝宝不要说话，不要咳嗽，也不要擤鼻涕，以避免将刚刚凝固的血块弄碎。但如果鼻血流不停、止不住，就必须送医院了。

图 17　宝宝流鼻血的处理

## 二十七、宝宝肺炎的护理

小儿肺炎起病急、病情重、进展快，是威胁小儿健康乃至生命的主要疾病。肺炎病患儿除了要接受正规治疗外，还应注意家庭护理。首先应该保证充分的休息与睡眠。各项检查处置要集中进行，避免宝宝过多哭闹，以减少耗氧量和减轻心脏负担。要保持安静、整洁的环境，以确保患儿休息好。在日常生活中，常见到在患儿的身边总是围着许多长辈亲朋，这样人多吵闹，不利于患儿休息；同时人多呼出的二氧化碳也多，污浊的空气不利于患儿康复。所以，患儿室内人员不要太多，探视者逗留时间不要太长，禁止在室内吸烟。要勤开窗户，使室内空气流通、阳光充足，这样可以减少空气中的致病菌。阳光中的紫外线还有杀菌作用，更有利于患儿康复。但要避免穿堂风，以防着凉感冒而加重病情。出汗多的患儿要及时更换潮湿的衣服，并用热毛巾把汗液擦干，这对皮肤散热及抵抗病菌有好处。对于痰多的患儿应尽量让其将痰液咳出，防止痰液排出不畅而影响恢复。在病情允许的情况下，家长可将患儿抱起，轻轻拍打背部，卧床不起的患儿要勤翻身，这样能防止肺部淤血，也可使痰液容易咳出。患儿的衣物被褥不能太厚，以免过热使患儿烦躁，导致呼吸急促，加重呼吸困难。如果宝宝出现呼吸急促，可用枕头将背部垫高，以利于呼吸通畅。要及时清除患儿的鼻痂及鼻腔内的分泌物，以免堵塞呼吸道。患儿宜吃些易于消化、营养丰富的食物。吃奶的患儿要以乳类为主，可以适当喝点水。牛奶可适当加点水兑稀一点，每次喂少些，增加喂的次数。年龄大一点能吃饭的患儿，可以吃些容易消化的清淡食物，多吃新鲜水果、蔬菜，多饮水。不要吃生冷、辛辣及油腻厚味的食物，以免影响消化吸收。

### 二十八、宝宝支气管哮喘的护理

密切观察发作时的先兆症状，比如发现患儿咳嗽、咽痒、打喷嚏、流涕等呼吸道黏膜的过敏症或有发热、咳嗽、咳浓痰，而且咳嗽逐渐加重等上呼吸道感染的症状，要按照医嘱给予药物治疗，以控制哮喘症状。

由于哮喘多在夜间发作，常会使家人惊慌，特别是首次发作，最好去医院明确诊断、了解病因。以后则可视情况而定，一般轻、中症可在家治疗和护理。发作时可按医嘱给予舒喘灵等气雾剂吸入。在火炉上放置一盆水煮开，使水蒸气充满患儿房间，直到患儿呼吸畅通或症状有所好转为止。

如果患儿咳痰无力，可帮助其排痰。方法是轻拍患儿背部，自下而上拍打，一边拍打，一边鼓励患儿将痰咳出。

保持环境安静，帮助患儿取半坐位或最舒适体位，并用亲切语言安慰，以解除患儿的恐惧与不安，使之身心得到充分休息。

饮食上要给予清淡、容易消化的半流质或软食，多吃新鲜蔬菜、水果，以利通便。忌吃刺激性食物及冷饮，减少诱发因素。鼓励患儿多饮水，以补充丢失的水分。如果通过以上护理没有效果的时候要带宝宝去医院诊治。

对有支气管哮喘的孩子，平时护理也很重要，可以减少发作。平时应该多带患儿进行户外活动，晨起散步、呼吸新鲜空气，做广播操或去参加游泳以保持体力。一年四季坚持用冷水洗脸、洗手，可以增加冬季的耐寒能力，防止感冒，增强患儿的体质。

帮助患儿养成规律的生活习惯，保证充足的睡眠（一般为 10~12 小时），白天最好午睡 1~2 小时，不偏食，按时刷牙、漱口，正确执行生活日程表。在患儿能耐受的前提下，尽可能让患儿与普通儿童同样地进行生活，以减少依赖性。

去除病因：外源性哮喘如果原因明确，应设法去除过敏原或行脱敏治疗。例如患儿对烟雾过敏而引起哮喘，应尽量避免与烟雾接触，可避免诱发哮喘发作。倘若原因不明确，应对患儿新接触的物品和初次食用的食物进行详细观察和记录分析，以便及时发现致敏原。内源性哮喘者应防止受凉感冒。对扁桃体炎、副鼻窦炎等感染病灶应彻底治疗，并在医生指导下，使用预防哮喘药以防止发作。

## 二十九、宝宝先天性心脏病的护理

患有先天性心脏病的宝宝发育较差，身高、体重都低于同年龄的宝宝。患儿爱哭，吸奶无力，稍一活动或者用力就出现口唇、甲床青紫，呼吸急促困难及明显的心前区跳动。年龄稍大的宝宝会诉说有胸闷、憋气、心慌的感觉。对患有先天性心脏病的宝宝要精心护理，这样可以使他们很好地存活下来，为手术创造条件和机会。

护理中应注意以下几个问题。

要尽量避免婴儿啼哭，满足其生理要求，比如按时喂奶，及时更换尿布等。母乳喂养的患儿，不要将乳房堵住宝宝的口鼻连续吸吮，这样会使他憋气，容易发生青紫，要间歇哺乳，使宝宝得到休息。人工喂养同样如此。

要让宝宝多到室外晒晒太阳，呼吸新鲜空气；尽量不去人多的公共场所，以免发生传染性疾病；住房要经常开窗换换新鲜空气，避免感冒和呼吸道感染。

饮食要富有营养，易于消化吸收。要少食多餐。适当调整食物的结构，防止发生便秘。

建立合理的生活制度，避免过分劳累，但要有适当的户外活动，动静结合，尽量减轻心脏负担。

少去公共场所，注意预防各种急性传染病。各种预防接种可根据需要按时进行，但要密切观察反应，及时采取有效措施，防止意外。

扁桃体炎反复发作时，有并发细菌性心内膜炎的危险，应在积极抗炎治疗的同时，切除扁桃体。患儿如需拔牙，应做预防性抗炎治疗。

必须遵照医生处方，按时、按量服用，不能随意加减剂量和停药，否则会影响治疗效果，影响医生对病情作出判断的准确性，甚至会引起孩子药物过量而中毒。

## 三十、宝宝急性肾小球肾炎的护理

急性肾小球肾炎简称"急性肾炎",是一组不同病因所致的感染后免疫反应引起的急性弥漫性肾小球炎性病变,以水肿、尿少、血尿及高血压为主要表现。绝大多数为链球菌感染所致,是儿科的一种常见病。

其护理措施如下。

**1. 休息**

宝宝患病后的前2周应卧床休息,以减少并发症的发生;待水肿消退、血压正常、肉眼血尿消失,方可下床轻微活动或做户外散步。

**2. 饮食**

饮食应根据病情加以选择,发病初期患儿水肿、血压高、尿少,应选择无盐饮食,为了调剂口味,可加一些无盐酱油;如水肿消退,可改为低盐饮食,就是一半是无盐菜,一半是正常咸味菜,两种合并在一起就是低盐菜了。用碱做的发面馒头也属有盐食品,不要给患儿吃。有水肿、尿少时还应限制饮水量。尿少时,因身体内含氮的废物及钾不易排出体外,所以急性期要适当限制蛋白质和含钾食物的摄入,比如橘子的含钾量较高,应不要吃或少吃。在尿量增加、水肿消退、血压正常后,可恢复正常饮食,以保证宝宝生长发育的需要。

**3. 注意观察病情变化**

注意观察尿量、尿色:患儿尿量增加,肉眼血尿消失,提示病情好转。如果尿量持续减少,出现头痛、恶心、呕吐等,要警惕急性肾功能衰竭的发生。病初1个月内,每周留尿标本做尿常规检查1~2次。盛放尿的瓶子要清洁,不能随便找个曾经盛过饮料的瓶子,因瓶中有糖、蛋白质等成分,会影响检查结果。留取每天晨起第一次尿较好。观察血压变化,如果血压出现突然增高、剧烈头痛、头晕眼花、呕吐等,提示并发了高血压脑病。密切观察呼吸、心率或脉搏等变化,警惕心力衰竭的发生。一旦发现上述急性肾功能衰竭、高血压脑病、心力衰竭的表现,要立即送患儿到医院诊治。

**4. 药物的副作用及注意事项**

应用降压药利血平后可有鼻塞、面红、嗜睡等副作用。应用降压药的患儿应避免突然起立,以防直立性低血压的发生。应用利尿剂后,要注意有无大量利尿,有无脱水、电解质紊乱等。

### 5. 保持居室空气新鲜

冬季不要门窗紧闭，需每日通风换气至少 2 次，通风时避免对流风吹着孩子。家里应尽量谢绝亲友探视，特别是患感冒的人，以预防呼吸道感染。因为患儿呼吸道感染后，会使病情加重。

# 第五章 预防接种

## 一、预防接种的基本知识

### （一）计划免疫的概念

计划免疫通过提高对易感人群的有效接种率，提高人群免疫水平；形成有效的免疫保护屏障，控制和降低相应疾病的发病率。

### （二）什么是疫苗

疫苗是指为了预防控制传染病的发生流行，用于人体预防接种的疫苗类预防性生物制品，针对健康群体使用。

### （三）宝宝预防接种的目的

宝宝出生离开母体后，失去了天然的保护层，虽然宝宝体内还存有母亲通过胎盘、脐带传给的抗体，但由于出生后断了供应，天天消耗，这种先天性的抵抗力逐渐下降，当宝宝6个月后体内就基本上没有抗体。宝宝满半岁后活动范围增大，受细菌、病毒侵犯的机会增多，容易发热、感冒、拉肚子等，还容易发生小儿麻痹症、白喉、百日咳、麻疹、乙型肝炎、结核病等传染病，影响宝宝的生长发育，甚至危及生命。通过预防接种就可以解决这些麻烦，预防接种就是把能使人产生对某种传染病的抵抗力的疫苗接种于人体。当宝宝进行预防接种后，自身就可以产生对这种传染病的抗体，从而获得对传染病的特异的免疫力，就不会得相应传染病了。

### （四）疫苗冷藏保存的目的

疫苗是由蛋白质或由类脂、多糖以及蛋白质的复合物组成，预防接种时由其中的活性物质起到抗原作用。它们多不稳定，受光、热作用可使蛋白质变性，或使多糖抗原降解，疫苗不但失去应有的免疫原性，甚至会形成有害的物质而发生副反应。一般地说温度越高，疫苗中活性成分的抗原性越容易被破坏，所以针对疫苗的生物特性必须在适宜的温度下贮存与运输。不同的疫苗对温度有不同的要求，卡介苗、百白破疫苗贮存、运输的温度为 $4℃ \sim 8℃$。麻疹疫苗、脊髓灰质炎疫苗贮存时间在 3 个月以上时，贮存和运输的温度为 $-20℃ \sim 8℃$。

### （五）国产疫苗与进口疫苗的区别

国产疫苗和进口疫苗即使是同一类型，也会有成分、组分（如无细胞百白破疫苗）、保护效力、保护时间（如甲肝疫苗）等方面的区别。公共卫生学专家认为，进口疫苗的生产线都是按照 GMP 要求建设的，国产疫苗生产企业现在也在大力实施 GMP 改造。这些疫苗都是通过国家药品生物制品检定部门严格检验的，所以其质量和安全性都是可靠的。

### （六）新生儿普种乙肝疫苗的目的

我国是肝炎大国，HbsAg 乙肝病毒携带者人群大约占总人口的 10% 左右，而母婴传播在我国是乙肝传播的最主要途径之一，所以新生儿是我国接种乙肝疫苗的关键重点人群。感染乙肝后转为慢性携带状态者的机率与受被感染时的年龄关系密切。有研究表明，1 岁以内婴儿感染乙肝后约有 70% ~90% 发展成为慢性乙肝病毒 HBsAg 携带者；2 ~3 岁幼儿为 40%，7 岁以上儿童为 6% ~10%，青年人及成年人感染后仅为 5% 左右。

仅对 HbsAg 乙肝表面抗原阳性母亲所生的新生儿进行免疫接种，不能预防幼儿时期乙肝的水平传播，只有对所有新生儿接种乙肝疫苗，才能阻断母婴围产期传播，减少儿童中传染源的产生，也可以阻断儿童时期的相互传播。新生儿乙肝疫苗接种纳入我国计划免疫程序，所以新生儿要按时在出生后 0、1、6 个月的程序全程免费接种乙肝疫苗。

## 二、宝宝预防接种前后的注意事项

### （一）接种前注意事项

#### 1. 了解即将要接种的疫苗

宝宝一出生，医生就会给父母一本名为《儿童预防接种证》的小册子。上面会详细介绍宝宝应该注射的疫苗名称和注射时间，父母要提前了解要给宝宝接种的是何种疫苗，做到心中有数；更要严格按照规定的免疫程序和时间进行接种，不能随便提前，更不要半途而废。

#### 2. 了解疫苗功效及注意事项

每一种疫苗都有其独有的功效，比如卡介苗是预防肺结核病的，脊髓灰质炎疫苗是预防小儿麻痹的，父母要对疫苗的功效有一个清楚的认识。同时对每种疫苗的接种要求也要多加留意，有的疫苗对宝宝当天的饮食有一定的要求，比如脊髓灰质炎疫苗，要求在给宝宝服用糖丸前1小时及服用后1小时内不能吃热的东西（包括母乳），以免造成疫苗失活，起不到应有的效果。

**3. 了解宝宝的身体状况**

正在患湿疹、荨麻疹，以及那些具有过敏性体质的宝宝，在接种疫苗之前要向医生说明情况，暂缓注射疫苗，特别是在接种麻疹疫苗、百白破疫苗前。因为这些疫苗的致敏原较强，比较容易引起过敏反应，使湿疹等症状加重。可以等恢复健康之后，再和医生约定时间进行接种。另外，发热、腹泻、空腹、呕吐等情况下，有的疫苗也不能注射。总的来说，只要宝宝身体状况欠佳，就要及时和医生沟通，了解是否可以接种疫苗或者需要延期接种。

**4. 应该给宝宝洗个澡**

每次接种前，应该注意保持宝宝皮肤清洁。最好先给宝宝洗个澡，换套内衣，这样可以减少接种后的感染机会。如果是注射接种的话，最好给宝宝穿对开的衣服，这样比较容易穿脱。

**5. 应该尽可能用宝宝专用物品**

应根据所要接种的疫苗做好相应的准备，带好宝宝专用的物品。比如，服用糖丸之前，要记得从家里带一把小勺和一小杯凉白开水，这样，给宝宝喂服糖丸时可以避免交叉感染等问题的发生。

**6. 携带必须的证件**

带宝宝去接种时应携带《儿童预防接种证》，以便医务人员准确地了解宝宝将要接种的是哪种疫苗，同时做好详细的记录。妥善保管好接种证，随时拿出来"复习"一下宝宝的接种进度。需要注意的是，如果要带宝宝去外地，并且要居住3个月以上，为了宝宝的健康，需要到暂住地的接种单位办理预防接种手续。

**（二）接种后注意事项**

（1）接种后，妈妈应该带宝宝在接种单位停留30分钟，观察宝宝接种后的反应情况，直到没有异常状况后才可以离开。如果出现发烧、呕吐等状况，要及时求助医生。

（2）接种完疫苗后24小时之内，不要给宝宝洗澡，更不可以去游泳。这样做一方面是为了保持接种部位干爽，预防感染；另一方面，由于接种了疫苗，宝宝的抵抗力相对较低，洗澡很容易引发感冒，如果出现异常状况，往往弄不清楚是注射疫苗引起的，还是因为护理不当引起的，对治疗十分不利。另外，接种后要让宝宝适当休息，多喝开水，注意保暖或降温，避免进行剧烈的活动。

（3）注意观察接种后反应。宝宝的体质千差万别，所以接种疫苗后的反应也不尽相同。有的会出现短时间的烦躁、发热、食欲不振，有的宝宝在接种疫苗之后还会有皮疹出现，这些都属于正常现象，一般不需特殊处理，即可以自行消退。不过父母也需细心观察，对于宝宝发热，可用物理降温法进行退热，不要轻易给宝宝服用退热药。如果宝宝持续高热不退，要及时带宝宝到医院进行治疗。

## 三、预防接种常见问题

### （一）新生儿接种卡介苗的护理

接种卡介苗可预防结核病。宝宝在医院出生后，就已经接种了卡介苗。由于接种卡介苗的反应比较特殊，一般在接种疫苗 2～3 周后，才会在接种部位出现红肿并形成硬块，接着就会反复出现破溃、渗液、结痂的反应，这样的过程要持续 3 个月左右。这时，痂皮脱落后形成一个永久性的圆形瘢痕。在这个正常的反应过程中，应当仔细护理以防止细菌感染。给新生儿洗澡要避开接种部位，可以用干净的手帕或纱布将局部包扎起来。避免用手触摸接种部位。经常更换内衣，以免脓液沾染衣服后增加局部摩擦，影响溃疡的愈合。绝对不要用手去挤脓疱，这样会加重反应。出现以下情况要及时到医院咨询和治疗：接种 3 个月后，接种部位没有长好；宝宝发热并伴有腋下淋巴结肿大。

### （二）宝宝可否同时接种几种疫苗

在服脊髓灰质炎糖丸疫苗的同时接种卡介苗或百白破类毒素混合制剂，非但不会影响免疫力的增加，而且还可以使反应不加重。但为了保证安全，两种或两种以上制剂不能同时应用在同一部位。

### （三）同一种预防针为什么要打好多次

预防针是按人得了传染病后会产生抗体这个道理，将各种病原微生物通过人工的方法，使其毒性减低，制成疫苗，注入人体，使人得一次"轻病"。与自然得病相比，预防接种使人所产生的抗体量要少些，维持的时间也短。所以，必须在一定时间内再打一次预防针，加强预防的作用，使抗体保持一定水平，以便起到防病功效。

### （四）加强针都要打吗

随着时间的推移，宝宝体内的抗体水平会不断下降。打加强针后，根据免疫记忆的原理，可以使抗体水平迅速提高，这样可以提升宝宝的免疫力，同时也可保证群体有效免疫水平，避免疾病的流行。

### （五）哪些疫苗需加强接种

宝宝1岁内完成了几种疫苗的基础免疫后，体内产生了足够的抗疾病能力。但随着时间的推移，体内的抗体会逐渐下降，不同疫苗的下降程度不同。所以，有些疫苗需要在宝宝1岁半~2岁期间进行加强接种，有些疫苗则要等到宝宝4岁以后才需要加强接种。

1岁半~2岁期间需加强接种的疫苗有百白破类毒素混合疫苗和麻疹疫苗。4岁需加强一剂脊髓灰质炎糖丸。之后到6岁时再接种一次百白破类毒素混合疫苗。流行性乙型脑炎疫苗在宝宝8月龄初次接种后，间隔1年，需加强接种1次，最好在每年的4~5月份接种。因为夏秋季节是乙型脑炎的发病流行季，这种疫苗在宝宝6岁时还要再加强接种第2次。

### （六）补打疫苗及剂量

每种疫苗都有各自的接种程序，所以接种时间也是安排好的，尽量严格按照规定的程序接种。如果遇到宝宝生病就要特别对待了，一般在病好后2周内带宝宝去补打疫苗就可以了。稍微推迟几天接种不会对宝宝有不良影响，仍旧有效。如果病情长时间仍然没有好转，就要咨询医生，明确接种时间。

不能同时接种同样的疫苗两针，这样接种的话等于增加剂量，可能会增加接种反应。有些不同的疫苗是可以同时在不同部位接种的，具体情况需要听取专业医生的建议。

### （七）有过一次高热惊厥的宝宝能否打疫苗

宝宝发生惊厥的情况比较复杂，所以当宝宝出现惊厥的时候，要及时到医院神经科进行检查，看是哪种原因引起。如果仅仅是高热引起的惊厥，3岁以后可以考虑补种疫苗，但要注意接种后可能引起发热，要密切观察，经常测试宝宝的体温，一旦体温超过38.5℃就要及时使用退热剂，防止再次因高热引起惊厥。如果是患有癫痫、大脑发育不全、脑炎、脑膜炎等疾病，则不适合接种百白破类毒素混合制剂、乙脑及流脑疫苗，因为这些疾苗对大脑有影响，可诱发惊厥。

### （八）接种百白破类毒素混合疫苗的注意事项

百白破类毒素混合疫苗可以预防3种传染病，分别是百日咳、白喉和破伤风。这种疫苗在宝宝满3个月的时候接种第1针，间隔1个月注射再分别第2、3针。即在婴儿第3、4、5个月的时候各注射1针。这种疫苗一般是肌内注射，注射部位可以在上臂三角肌附着处，也可以在臀部的注射部位。当宝宝患病、发热、有严重湿疹的时候，最好暂缓接种。接种这种疫苗后，可能会有轻微的发热、烦躁不安，注射后当天晚间宝宝睡眠不好，容易惊醒哭闹，如果发热未超过39℃，无抽筋等严重反应的表现，可不必处理，经过2~3天就可以自愈。但是如果第1针注射后婴儿体温升到39.5℃~40℃以上，或有抽搐，则不适合再接种第2针，以避免发生严重反应。这种疫苗接种的局部可能会出现红肿，持续一定时间后也会逐渐吸收消失。

# 第六章 意外伤害的预防

## 一、新生儿预防意外伤害

### （一）新生儿为何不适合戴手套

戴手套可能对新生儿造成多种伤害。戴手套看上去好像可以保护新生儿的皮肤，但从婴儿发育的角度看，这种做法直接束缚了宝宝的双手，使手指活动受到限制，不利于触觉发育。毛巾手套或用其他棉织品做的手套，如果里面的线头脱落，很容易缠住宝宝的手指，影响手指局部血液循环，如果发现不及时，可引起新生儿手指坏死而造成严重后果。所以，从新生儿手指发育和安全的角度考虑，家长不要给新生儿戴手套。为避免新生儿把脸抓伤，最好的办法是，如果新生儿的指甲太长，家长可以趁他熟睡的时候小心仔细地修剪；剪指甲时一定要抓住新生儿的小手，避免因为宝宝晃动手指而被剪刀碰伤；另外，指甲不能剪得太短。

### （二）新生儿容易发生的意外事故

新生儿没有一点自卫能力，时刻需要成人的精心照料，稍有疏忽，就可能发生意外。

新生儿最常见的事故如下。

**1. 烫伤**

大面积的烫伤多发生在给新生儿洗澡水温太热。月子里，家务事很多，由于一时忙乱，没有先试试水温，就把宝宝放进澡盆里，结果把宝宝烫伤了。小面积的烫伤大多数是冬季给新生儿用热水袋引起。有的把热水袋直接放在宝宝身边，有的热水袋塞子没上紧，热水流了出来，就把宝宝烫伤了。

**2. 窒息**

最常见的是妈妈搂着宝宝睡觉，乳房压住宝宝的口鼻；或者是家长带新生儿外出或去医院看病的时候，用被子包得太严，密不透气，造成新生儿窒息；有的宝宝经常吐奶，妈妈在新生儿枕旁放一块塑料布或者在脖子里套上一条毛巾，没料到塑料布或毛巾会堵住宝宝的口鼻；也可能宝宝仰卧吐出的奶呛进气管，这几种情况都可以引起窒息死亡。

**3. 煤气中毒**

冬季用没有烟囱的蜂窝煤炉或木炭盆取暖，火炉烟道堵塞、倒风等原因，如果门窗紧闭，都很容易引起煤气中毒。

**4. 动物咬伤**

农村的新生儿被老鼠或者猪、狗等家禽咬伤；城市的新生儿被宠物咬伤的时有所见。

**5. 跌伤及其他**

当亲戚或邻居2~3岁的幼儿来玩的时候，有可能不小心把新生儿弄伤。串门的幼儿不懂事又好奇，也可能把自己吃的糖块、花生米或其他小食品，甚至一些小玩具塞进新生儿嘴里，而发生意外伤害。为避免发生以上种种意外事故，看护新生儿一定要细致入微，处处小心，千万不能粗心大意。不要让不懂事的幼儿直接接触新生儿。不然的话，很可能因为一时的疏忽，造成终生的痛苦。

## 二、跌落伤

80%的跌落伤发生在家里，包括坠床、绊倒、摔倒、磕碰、坠楼等。婴幼儿头部比重大，身体重心相对较高，很容易跌倒。尽管多数跌落伤为轻伤，家长也一定要多加小心，以免给孩子造成不必要的伤害。

### （一）预防措施

（1）不要在无人看管时把婴儿放在桌、椅、床等任何高出地面的物体上，大人一转身的时间就可能发生危险，婴儿的运动能力发展速度常常超出家长的预测。

（2）婴儿床应设有护栏，周边地上应铺垫厚地毯，万一跌落时可以缓冲。

（3）如果婴幼儿经常睡在大床上，建议配置结实的蒙古包蚊帐，孩子在床上时拉紧拉链可以有效防止坠床。但要教育较大的幼儿不要故意冲击蚊帐。

图18　预防婴儿跌落的婴儿床

（4）窗户边不要放孩子可攀爬的桌子、凳子和沙发等家具。窗户上装一定高度的栏杆，窗户要保持关闭，或开一定的宽度（以宝宝不能爬出去为准）。阳台的栏杆要足够的高，不容易让孩子攀爬，且应安装间距小于孩子头部直径的护栏，这样不容易让宝宝钻出。

（5）尖锐的桌角要加防护装置或用棉布包裹。

（6）宝宝活动的房间不要乱堆放玩具、板凳等物品，家中的过道上不能有杂物，告诉宝宝在玩耍后，要记得收好玩具。以防止绊倒磕伤。

（7）不要靠窗摆放桌、凳、床等家具，以免幼儿攀援后从窗台上跌落。台阶上如放有地毯，地毯要铺平并且没有毛边；台阶上不要放置任何东西；台阶至少有一边是有扶手的。当地上有水时，要马上擦干。在浴缸或淋浴间内要装上扶手和铺上防滑垫。

（8）有楼梯的家庭，上层楼梯口要安装有锁的护栏，楼梯外侧要安装1米以上的护栏，护栏中低部不要有横杆，以避免宝宝攀爬。

（9）对于使用学步车的宝，最好买一辆新车的，并且适合宝宝的体重；要经常检查学步车的每一个车轮，确保它们能360°旋转。学步车要在平整的地面上使用，千万不要让学步车滑向台阶；宝宝在学步车上的时候，家长一定要在旁边看护宝宝。

（10）宝宝户外活动时，家长要勘查地形，特别是在看似安全的广场、草地，要检查是否有障碍物，孩子玩耍时坚持离手不离眼。

**（二）宝宝发生跌落的处理措施**

宝宝一旦发生跌落伤，要马上检查致伤物、受伤部位，判断伤情，采取相应措施。

**1. 软组织损伤**

轻微擦伤，消毒伤口后保持干燥就可以了。出血较多的裂伤需要按压止血。小儿头部裂伤最常见，因头部血管丰富，往往血流如注，要立刻用消毒纱布按压伤口，卫生巾和尿不湿也是优良的替代品。出血不止的伤口还要按压附近动脉，前头部出血按压太阳穴，后头部出血按压耳后动脉，四肢大出血要在患处上部使用止血带并抬高患肢。绷带、尼龙袜、皮筋等都可以作止血带，垫上柔软物后勒紧，每隔半小时松开5分钟，以避免组织缺血坏死。

**2. 骨折**

宝宝从高于1米的地方跌落就要高度警惕骨折。如果受伤处有变形、活动受限或者轻微触摸患处宝宝就剧烈哭闹，要固定患肢并立即送往医院检查。有时一些不典型的骨折，体征不明显，可在宝宝睡熟后触碰患处，如果孩子被惊醒或哭闹，应怀疑是骨折。肋骨骨折的反应也较轻，仅在触摸胸部或抱起孩子时会剧烈哭闹，要充分重视。

**3. 脑损伤**

如果孩子跌落后丧失意识，或出现呕吐、嗜睡、过度兴奋等任何精神异常表现，应怀疑脑震荡、颅内出血，要立即拨打 120，送医院检查。

**4. 内脏损伤**

气胸、血胸、肺损伤等胸内伤一般会比单纯肋骨骨折反应明显，呼吸困难、口唇发紫、胸痛、咳嗽、咳血、咳痰等都应立即就医。腹部被坚硬物体硌伤后，要查看撞击部位，一般消化道穿孔后刺激症反应较快，肝脾破裂伤会在出血量多时才出现明显腹痛等反应，所以一旦怀疑硌伤、撞伤较重，一定要观察后续反应，及时就医。

**5. 脊柱伤**

高处坠落尤其是坠楼，易造成脊柱损伤，千万不可立刻抱起，而要立刻拨打 120 求救，或小心地固定在门板、面板等坚硬的平板上，转运至医院。受伤脊柱一旦被弯曲，就会损伤中枢神经，造成瘫痪等严重后果。

## 三、意外中毒

婴幼儿探索能力很强，一旦接触到家中的药品、化学品，常常会"尝一尝"，甚至大量吞服，家长应避免在家中存放危险化学品。

**（一）预防措施**

（1）妥善保管家中药品和杀虫剂、洗涤剂等化学品，不要让宝宝有机会单独接触。

（2）不要用药盒存放饼干、玩具等物品，也不要用玩具盒、食品盒存放药物、化学品，以免宝宝混淆，发生误服。

（3）取用药品后立即收藏到原处，不要随手放在宝宝可能接触到的地方。

（4）严格按医嘱服药，并保留药品说明书备查。

（5）婴幼儿皮肤通透性高，应谨慎使用外用药，以防皮肤吸收中毒。

### （二）处理措施

一旦发现或怀疑宝宝大量误服药物、化学品，不要急着刺激宝宝呕吐，以免腐蚀性药物在呕吐时再次流经食管、咽喉造成腐蚀性灼伤；也不要大量饮水，以免加快肠道吸收；不要服用自认为有用的解毒药。拨打120或立即去医院就医是最佳选择，赴医时一定要记得把可能造成宝宝中毒的药物和化学品、外包装及说明书带上，以便节省诊疗时间。

## 四、食物中毒

### （一）预防措施

**1. 如何预防吃母乳宝宝食物中毒**

（1）妈妈乳头保持清洁　每次喂奶前用肥皂洗手，开始喂奶时先挤掉几滴奶，再让宝宝吸吮。

（2）不要重新冷藏母乳　如果宝宝不能喝完一次分量的解冻母乳，要把剩下的处理掉，解冻后的母乳不能在24小时之后再用；且不要将喂后剩下的母乳保存在用过的容器中或者重新冷藏起来用于下一次的喂哺。

（3）注意保持宝宝嘴周围清洁　一定要及时帮宝宝进行清洁，并且用纱布和毛巾仔细地擦干。

（4）储存母乳的容器必须经过消毒　将挤出的母乳用塑胶筒、奶瓶或母乳袋储存，以上的容器一定要清洁。而且母乳袋不可重复使用。

（5）冷藏时间要在24小时内　如果用吸乳器将妈妈的母乳吸出来，一定要让宝宝在24小时之内喝掉，或放入冷藏室保存。

（6）冷冻时使用专用袋　如需24小时以上保存，应使用可以密封的冷冻专用袋，在解冻后尽快让宝宝吃掉。注意即使是冷冻，也不能长时间保存。

**2. 如何预防吃配方奶的宝宝食物中毒**

（1）配方奶应保存在冷而干燥的地方　不要储存在冰箱中，冰箱较潮湿，会导致奶粉罐生锈或降低奶粉质量。

（2）冲泡前确保卫生　冲泡奶粉前家长应先洗干净手，并确定奶瓶、奶嘴、瓶盖等冲调器具也已煮沸消毒。

（3）使用干净勺子　奶粉罐里专门用来计量的勺子用后不要直接放到罐里，应洗好晾干，单独保管。

（4）配方奶不可冲好放着　营养丰富的配方奶是细菌最佳繁殖地，现冲现喝。

（5）冲奶粉要用白开水　不要使用饮水机烧水，因为其未达沸点或煮沸时间不够。正确的做法是把冷水煮沸 1~2 分钟，然后晾凉至适当温度（40℃~60℃）。

（6）使用后的奶瓶要保持清洁　用过的奶瓶、奶嘴、奶瓶盖及时清洗、煮沸消毒，然后晾干、放入专门的盒子保管。

**3. 如何避免宝宝食物中毒**

（1）饭菜要尽量现做现吃，避免吃剩饭剩菜。新鲜的饭菜营养丰富，剩饭菜在营养价值上已是大打折扣，而且越是营养丰富的饭菜，细菌越是容易繁殖，如果加热不够，就容易引起食物中毒。宝宝吃后会出现恶心、呕吐、腹痛、腹泻等类似急性肠炎的症状。所以，要尽量避免给宝宝吃剩饭菜，特别是剩的时间较长的饭菜。隔夜的饭菜在食用前要先检查有无异味，确认无任何异味后，应加热 20 分钟后方可食用。

（2）给宝宝选购食品时要注意检查生产日期和保质期限，千万不能买过期的食品。已经买来的食品要尽快食用，不要长期放在冰箱里，以防超过保质期。还要认清食品的贮藏条件，有的食品要求冷藏，有的要求冷冻，不能只看时间，食品在冷藏条件下存放 10 天与冷冻条件下存放 10 天完全是两个概念。

（3）不能存在侥幸心理，以为食品只超过保质期两三天问题不大，因为有些食品上标明的生产日期和保质期本身就有可能不完全与实际情况相符。打开包装后，要注意观察食品有无变色、变味，已变味的食物就千万不要给宝宝吃了；否则，吃了这样的食品就有可能造成宝宝食物中毒。尽量不要给宝宝吃市售的加工熟食品，如各种肉罐头食品、各种肉肠、袋装烧鸡等，这些食物中含有一定量的防腐剂和色素，容易变质，特别是在炎热的夏季。而且有些此类食品的生产者未经许可，加工条件很差，需要格外小心。如果选用此类食品应在较正规的大型超市购买。食用前必须经高温加热消毒后方可。

（4）有些食物本身含有一定毒素，需正确加工才能安全食用。比如：扁豆中含有对人体有毒的物质，必须炒熟焖透才能食用，否则易引起中毒；豆浆营养丰富，但是生豆浆中含有难以消化吸收的有毒物质，必须加热到 90℃ 以上时才能被分解，所以豆浆必须煮透才能喝；发了芽的土豆会产生大量的龙葵素，使人中毒，不能给宝宝食用。

（5）有些食物烹制时必须有适当的炊具。例如：不能用铁锅煮山楂、海棠等果酸含量高的食品，那样会产生低价铁化合物，致使宝宝中毒。

## 五、气管异物

2岁以下的婴幼儿咀嚼能力差，进食时易受干扰而剧烈笑闹，甚至跑跳，很容易发生异物阻塞气管。所以，帮助孩子养成良好的行为习惯非常重要。

### （一）预防措施

（1）不要将婴儿单独留在屋内，有些孩子吐奶，仰卧时就可能呛入气管。

（2）3岁以下宝宝不能吃完整的坚果类食物，应碾碎食用。

（3）教育孩子养成良好的进食习惯，细嚼慢咽，不要边吃边玩，不要狼吞虎咽。

（4）不要在进食时逗孩子玩或训斥孩子，家长也不应在此时争吵。

（5）不要追着孩子喂食，幼儿跑动中最容易发生呛咳。

（6）训练1岁以上宝宝精细动作的时候，使用的豆子、米粒等小物品要注意计数回收。

（7）发现宝宝口含异物的时候，要耐心引导其吐出，不要大惊小怪地强行抠抢。

（8）孩子已经吞咽了纽扣、豆粒等小物品，确认进入食道而非气管，就不必采取任何措施，以免在倒控或挤压过程中呛入气管，只需在两三天内观察异物是否随大便排出即可。

### （二）处理办法

宝宝进食中突然出现剧烈咳嗽，伴有脸色发红甚至发青，应即怀疑气管异物，可让孩子面朝前坐在大人腿上，用中指和食指向后上方挤压其上腹部，压后随即放松，反复进行；较大幼儿可以趴在大人膝盖上，头朝下，捶其背部；两个大人在场时可一人将将孩子倒提离地，另一人拍背、掏咽部，使异物迅速排出。上述急救措施专业性较强，一般家长很难有效完成，所以一旦怀疑气

图19 宝宝气管异物的处理

管异物要立即拨打 120，或一边采取急救措施，一边赶赴最近的医院。需要特别注意，送医院前不要给孩子喂食喂水，以便能及时安排手术。有时气管异物会表现出慢性症状。如果孩子进食时一阵呛咳后恢复平静，但此后出现喘息，多日不愈，并且常因体位改变引起一阵阵咳嗽。家长不要随意进行抗炎治疗，应到医院检查，向医生说明当时进食情况。

## 六、意外窒息

意外窒息是 1~3 个月内婴儿常见的意外事故，幼儿期也偶尔有发生，通常都与看护人疏忽大意有关，预防是关键。

（1）不要盖住婴儿头部或与婴儿合睡一个被窝，以避免被褥盖住孩子口鼻。

（2）不要躺着给婴儿喂奶，以防妈妈乳房堵住孩子口鼻。

（3）不要在婴儿枕头旁铺放塑料布或使用软塑围嘴，以避免被吹拂到孩子脸上。

（4）不要让小儿单独玩气球，以避免气球崩裂而捂住宝宝脸部。

（5）不要随手放置塑料袋，以避免孩子拿到，套在头部玩耍导致窒息。

（6）幼儿攀爬滑梯等器械时，不要戴项链、围巾等颈饰，也不要穿领子上有绳子的衣服，以避免挂在器械上勒住颈部。

[处理方法]

一旦发现婴幼儿口唇及皮肤青紫，要立即解除引起窒息的原因，清除呼吸道和口腔分泌物，保持呼吸道通畅。如果呼吸、心跳已停止，要立刻进行人工呼吸和心脏按压，人工呼吸的时候要用口罩住婴儿口鼻，或捏住鼻孔。采取上述措施的同时应尽快拨打 120，请求专业救治。

## 七、烧烫伤

日常生活中的烧烫伤多由热水、热汤、热粥导致，家长一定要时刻保持警惕，避免孩子接触可能导致烫伤的物品。

### （一）预防措施

（1）不要使用桌布，以免幼儿拉拽，导致桌上的热汤水翻洒。

（2）保温瓶、热水杯、开水瓶、饮水机、打火机等要放在孩子摸

不到的地方。

（3）不要单独将宝宝放在家里，如果家长不得已必须外出时，应尽量安排其他人在家照看孩子。

（4）家长因事外出的时候，不要在家里留下任何火种，并且要检查各类电源的安全性。

（5）吃饭的时候不要将刚从锅里盛出来的热汤放在宝宝可以够到的地方。

（6）大人不在的时候，不要在火上烧开水和熬汤。

（7）家庭使用电炉、电取暖器时，要安装防护罩。

（8）为小儿保温时，热水袋等不能直接接触皮肤，须经常变换位置，以免慢性烫伤。使用电热毯取暖的时候，热后要关掉开关，以防止家中失火。

（9）宝宝洗澡的时候，水盆内要先放凉水再放热水，将水调好后再让宝宝进去。

（10）教育宝宝不要触碰电插头，以防止发生触电烧伤。

（11）不要让宝宝单独在壁炉、蜡烛等明火周围停留。

（12）任何时候都不要将热汤锅放在地上，尤其在忙乱时。不可存侥幸心理。

### （二）处理办法

宝宝一旦被烫伤或者烧伤，第一反应就是降温，迅速将宝宝受伤的部位用清洁的冰水、凉水冷敷、浸泡，剪掉患侧衣物。降温时间越长愈后效果越好，等待120和送医途中也不要中断冷敷，但寒冷季节要注意全身保温，以避免休克。烧伤严重的可以少量服用止痛片，减轻宝宝的痛苦。如果衣服和伤口粘在了一起，不要动它，去医院让医生处理。如果伤口面积很大，就要用干净的保鲜膜或布把伤口盖起来，马上把宝宝送去医院。

## 八、触电

婴幼儿在日常生活中触电原因多为用手触摸电器、将手指或金属器具插入电源插孔里、手抓电线的断端等，家长从房屋装修起就应该考虑孩子的安全，并对孩子加强教育。

### （一）预防措施

（1）确认家中电路系统具备漏电保护功能。

（2）经常检查家用电器运行情况，杜绝漏电。

（3）不要给婴幼儿使用电热毯。

（4）各类电器均应放在远离孩子能触摸到的地方，手机充电完成后要拔掉充电器电源。

（5）不要让孩子触摸插座和电源开关；家电的电源线不要乱接乱拉。

（6）选购电动玩具时，要注意玩具的设计和安全性。

（7）婴幼儿在户外活动时，要远离变压器等危险的带电设施，家长要留意活动场所周围是否有裸露的电线。

### （二）处理办法

一旦出现触电事故，如果宝宝触电后还没有脱离电源，应立刻采用最迅速的方式脱离电源，绝不可以碰他。最安全有效的是关闭电源、拉开电闸，切断电源。如果一时不能切断电源，可以使用干燥的木棍、塑料干燥的绝缘物体上（如一本厚厚的电话本或一摞报纸）拨开电线，千万不

图20 宝宝触电后的处理

可直接用手推拉。把电源拉开后，检查宝宝的呼吸，即使宝宝已经失去知觉，但只要有呼吸就有很大希望救活。触电在人体表面留下的伤痕面积可能不大，但对宝宝的内脏可能有伤害，因此不要随意挪动宝宝，要立即叫救护车。需要注意的是强电流刺激后常出现"假死"现象，要不间断地给予心脏按压和人工呼吸，同时尽快拨打120联系急救。

## 九、交通事故

交通事故已成为儿童意外伤害的"第一杀手"，家长良好的交通意识是孩子安全的保证。

（1）私家车应安装儿童安全座椅，最好配置安全帽。婴幼儿最好坐后排并系安全带。

（2）锁好车门，以免乘车时宝宝打开车门开关。

（3）保持文明驾驶，不超速、不抢行，避免急转弯、急刹车，家

长也应系好安全带，保证在紧急情况下的自身安全，才能更好地照顾孩子。

（4）乘坐出租车时，家长要坐在后排，并用安全带把自己和孩子的身体固定住。

（5）乘坐公共汽车时，要将宝宝捆在身上；不要让幼儿在车厢内行走、奔跑。避免宝宝的头、手和身体伸出窗外。

（6）幼儿过马路要抱起，不要让宝宝单独在马路上行走。

（7）不要带孩子在马路边玩耍，路边行走时要让孩子走在右侧，尽量远离快车道。

（8）教育孩子不要蹲或站在汽车附近，尤其要向孩子强调不能钻到汽车下面。

（9）家长行路、行车都要严格遵守交通规则，从小给孩子树立良好的榜样。

（10）避免宝宝在交通状况复杂的高峰时外出行走。

（11）不带宠物和宝宝一起上马路，避免注意力分散而发生危险。

## 十、溺水

溺水是婴幼儿最常见的意外伤害，必需重视。

（1）在给宝宝洗澡的时候，听到敲门声或电话铃，不能将宝宝放在澡盆里就离开。因为这个年龄的宝宝，只要 2 分钟便可能在 50 厘米深的水中窒息。应该把宝宝用毛巾包好，放在摇篮或者有栏杆的床上，然后再离开。

（2）金鱼缸、水桶、痰盂、水缸、盆等盛水的容器都要尽可能的放妥。

（3）要把通向浴室、厕所、厨房的门关紧，让宝宝打不开。

（4）在浴缸、游泳池、水池、沟渠、粪坑或其他开放性水域边的时候要看管好宝宝，家长的视线不离开宝宝，以防止发生意外。

（5）洗浴后要及时清空浴池里的水，浴池放水的开关要放在宝宝触摸不到的地方。

（6）婴儿或者初学步的宝宝，只要在水里或者水边，不管是在家里或其他环境，家长都应该用手臂护住宝宝。如果家里有游泳池，必须将游泳池用栅栏围起或与房子隔开。同时，为游泳池安装安全设备，比如泳池安全警报。

（7）不要让婴幼儿单独留在卫生间内，抽水马桶、浴缸都存在隐患。

（8）不要让孩子在没有护栏的河畔、池边玩耍。

（9）婴儿不能去成人泳池游泳，幼儿游泳只能留在浅水区，家长不能离手。

（10）冬季教育孩子不要去冰面上玩耍；如去自然冰场滑冰，必须选择正规机构，确认其安全措施齐备。

[急救方法]

对于不小心溺水的宝宝，及时营救常常是抢救成功的关键。因为宝宝溺水5~6分钟后，心跳呼吸就可能因为缺氧太久而停止，从而造成无法挽回的局面。所以，营救溺水宝宝，应想方设法尽量将宝宝头部托出水面，并尽快使宝宝离水上岸。上岸后首先要将患儿取头低脚高位的俯卧姿势，或者将宝宝俯卧

营救溺水宝宝，首先要将患儿取俯卧姿势，并挤压其的胸腹以促其排出呼吸道和胃内的积水

图 21　宝宝溺水的急救方法

于成人的大腿上，或者木凳、斜坡上，并挤压其胸腹以促其排出呼吸道和胃内的积水。溺水宝宝救起的时候，多半全身青紫，肢体软瘫，口鼻常有泥沙和杂草堵塞。所以，及时清除口腔鼻内的异物，保持呼吸道的通畅特别重要。如果这个时候宝宝呼吸已经停止，就应不失时机地进行口对口的人工呼吸，以帮助宝宝建立有效的肺呼吸。倘若心跳也已停止，就应该有规律地给予体外心胸按摩；否则，宝宝一旦缺氧时间过久，抢救生还的希望就会微乎其微，特别是在急送医院的过程中，绝不能放弃这种宝贵的抢救。

# 第七章　心理发育与早期教育

## 一、婴幼儿期心理发育特点

### （一）依恋关系的重要性

幼儿心理发育最重要的基础是宝宝与母亲（或主要抚养者）之间的联系和依恋。建立安全的依恋关系对宝宝心理健康，甚至是人的心理健康都有着密切的关系。心理健康最基本是婴幼儿应当有一种与母亲（或主要抚养者）之间温暖、亲密的连续不断的关系。如果这种依恋能被合适地形成，它将导致一个人的信赖、自我信任的建立，并成功地依恋自己的同伴与后代。相反，一个人未能在早期建立与母亲的良好依恋，将可能成为一个缺乏来自依恋力量的不可靠的成人，成年后难以成为一个好的父亲或母亲。依恋可分为：安全型、回避型、矛盾型。

## 二、心理特点

### （一）0~6个月龄

婴儿出生后能够靠近母亲的身体会让婴儿觉得安全。足月宝宝出生90分钟内能够靠近母亲皮肤会很少哭泣。尽早建立与母亲的联系，通过母亲足够好的照料，能够让宝宝获得安全感。

这一时期的婴儿仅有的情绪反应是快乐和抑郁。照顾者的任务是帮助宝宝调节它们的情绪在一个可调控的范围。对这个时期的宝宝来说，它们还不会使用哭叫来控制大人，所以所有的哭叫都是对大人的一个警示。拥抱和摇摆是消除宝宝情绪痛苦的最常用的方法。

### （二）8~9个月龄

8~9个月的宝宝开始对"他人的目的"感兴趣，对他人"知道什么"和"要做什么"感兴趣。宝宝开始会寻求帮助，模仿"拜拜"等动作，回应他人语言的要求。在这个时期宝宝开始出现害怕"陌生人"，这说明正常的谨慎感（不安全感）已经在发育。

## （三）10～12个月龄

10～12个月是宝宝交感神经系统迅速发展的时期，此时的宝宝表现出丰富的情绪性。母亲或主要抚养者对宝宝情绪丰富性的支持在这几个月里非常重要。宝宝开始对他人产生感觉，意识到其他人也有感情、态度、意图等，并开始形成把自己与客观世界相区别的能力。

## （四）1～2岁

1～2岁幼儿的运动能力增强，开始走路、攀爬，可以离开父母亲的身体。宝宝的符号功能得到发展。

语言是最基本、最重要的符号。词语能帮助幼儿比较精确地表达自己的需求，同时更加能够意识到他人的愿望和情绪。幼儿开始学说话。当幼儿学会说一个又一个词的时候，父母经常为此兴奋和高兴，幼儿同时也会高兴，并且开始重复使用这个词。幼儿的自我意识开始萌芽，知道自己的名字，能够把名字与自己联系在了一起。

这一时期，幼儿的"羞耻感"与"内疚感"也开始出现，面对母亲不太愉快的脸，会表现出沮丧的表情，即羞耻感。如果做了错事后，会做好被惩罚的准备，会讨好妈妈，比如分食品给妈妈或者亲妈妈，即内疚。

家长需要满足幼儿探索的冲动，布置一个合适宝宝探索需求的环境，做幼儿的安全基地，满足幼儿探索的需要和被保护、被跟随的需要。随着幼儿的学步，能够区分自我和他人的界限，让幼儿逐渐形成安全型依附关系。通过游戏、语言等手段，让幼儿开始逐渐形成丰富的心理和人格。

## （五）2～3岁

2～3岁的幼儿随着运动功能的逐步健全，运动的灵活性增强，开始四处跑、跳、探索。幼儿开始具有身体感，意识到身体属于自己，体会到自主性。

这一时期，幼儿对事物的好坏很难判定。有些幼儿这时会出现施虐行为，残酷折磨小动物；同伴关系中也有很多咬、打、踢的行为。这就需要大人适时地教育和控制。

## 三、早教的方向

过去谈早期教育多半是针对0～6岁的小孩，不过随着脑神经学的发达，许多科学家发现，宝宝出生时大脑并不是一片空白的，每个神经轴的突触都会在刺激中产生连结。大脑中的神经在受到刺激后，树突状的细胞会产生连结、延伸，若是没有适当的刺激，脑神经就会原封不动地摆在那里，这证明了宝宝需要获得更早期的脑部刺激。因此，近几年来，早期教育也将范围下降至0～3岁。

早期教育的方向是协助宝宝构建各种感官能力，让宝宝在未来能够轻松学习。越小的宝宝发展的速度越快，而每个宝宝的发展会存在或大或小的差异。刚出生的宝宝就像海绵一样，不断吸收外界给予的东西。宝宝的脑部在3岁前飞速发育，在此时若能给予充分的刺激，将有助于宝宝的发展。因此，在这个阶段应该给予及时性的刺激，也就是提供适当的刺激以协助宝宝在该阶段发展。另外，还要训练宝宝学会一些必要性的能力，如在3岁前给予宝宝足够的感官、语言刺激，并且提供充分的肢体动作练习，那么在进入幼儿园之后，宝宝便有足够的行动能力去探索，且精准的感官能力也能让他大量接收到外界的人、事、物的讯息。此外，良好的沟通能力也有助于和别人相处。

3岁前的教育不是要提升宝宝的认知能力，不是要教出天才儿童，而是让他们具备学习的能力。家长应该要认清这一点，以免抱着要让宝宝成为天才的心态，反而给了过多的压力，使宝宝对学习失去兴趣。

在协助宝宝构建学习的基础能力时，最重要的一点是要加入"爱"。要让宝宝感受到"我是被爱的"，在心理需求被充分满足之后，宝宝才会愿意主动探索。

## 四、幼儿智力的开发

幼儿期随意动作、口语及感知觉迅速发展，开始了最初的游戏活动，并出现最简单的想象，记忆思维也较婴儿期增强，这为智力开发提供了有利的条件，开发幼儿智力可从下面几方面进行。

### 1. 为幼儿创造合适的游戏运动环境

从游戏中促进幼儿运动能力和技能的发展。

### 2. 培养幼儿的言语表达能力

2～3岁是口头语言发展的最佳年龄，应鼓励宝宝大胆说话，引导他用语言表达自己的愿望、要求和感觉。多教孩子说歌谣、唱儿歌，这不仅可以训练幼儿的语言能力，还能训练他的音乐节奏感，培养艺术意识。

### 3. 让幼儿多看、多听、多动手

智力开发总是离不开知识的掌握，而要获得知识，必须通过看、听、摸等感知活动。应让幼儿多接触自然和社会环境，多动手以亲身感知事物，促进智力发育。2～3岁的幼儿听故事时会听得津津有味，应该抓住孩子好奇、求知的这一心理经常给宝宝讲些有趣易懂的故事，这样可以增长幼儿的知识。

### 4. 启发幼儿多提问题、多思考

好奇多问是儿童的天性，有些宝宝喜欢提问，这是思维活跃的表现，家长要耐心地用通俗易懂的语言回答，而不能敷衍了事；有些宝宝提不出什么问题，应设法启发他们让他们自己提问，并站在宝宝的角度，多提一些问题让宝宝思考回答。

### 5. 鼓励幼儿的创造精神

宝宝在做游戏、搭积木的时候，要鼓励宝宝的创造精神，引导宝宝不重复别人做过的东西等，帮助宝宝自己想象着做，宝宝拆弄玩具的时候，不要求全责备，因为在"顽皮"的举动中，往往可能是创造力的表现。幼儿创造的欲望仅仅开始萌芽，需要去发现、去引导，如果完全按要求的模式做，则会抑制宝宝的创新精神。

## 五、早期智力教育的内容

早期智力教育的主要内容有如下几点。

### 1. 发展感知觉能力

要结合婴幼儿的生活实际，在安全的条件下，父母要采用多种方式，鼓励儿童对周围事物多看、多听、多摸、多闻、多尝，促进儿童感知觉的发展。多接触大自然，认识花、草、鱼、虫、日、月、星、云、山、水、湖泊等，以开阔眼界。运用鲜艳的色彩、生动的形象及各种玩具，使宝宝在摆弄的活动中，发展感觉，认识事物的属性，比如颜色、形状、大小等。

### 2. 发展操作能力

给宝宝一些亲手操作的机会，鼓励宝宝多动手，多做建造积木、用橡皮泥捏玩艺儿、折纸等游戏；稍大的宝宝，可教他洗手帕、扫地，不仅培养宝宝热爱劳动的习惯，也有助于发展宝宝的操作能力。

### 3. 发展孩子的语言和记忆能力

让宝宝早听、多听成人的话。父母要尽早与婴幼儿进行语言交往。不要认为新生儿不会说话，就让他躺在那里。儿童出生后，父母就要经常叫孩子的名字，对孩子说话、唱歌、放音乐，培养儿童对声音的反应，发展孩子听力。据研究，2～3岁是儿童口头语言发展的最佳年龄，这个时间，儿童学习说话很容易；4～5岁是儿童学习书面语言的最佳年龄，所以家长要抓住儿童语言发展的最佳时期，鼓励儿童大胆说话，启发孩子尽量用语言表达自己的感觉、愿望和想法。

### 4. 要鼓励孩子大胆想象和提问题，爱护孩子丰富的想象力，启发孩子的思维

孩子提出一些幼稚的想法，不要嘲笑，而是要很好诱导；给孩子多安排一些富于想象力和思想能力的活动，如游戏、讲故事。在活动中，让孩子多动脑筋，用自己的想象去充实内容，大人不能包办代替；多给孩子自己思考、自己创作的机会。例如，给孩子买来一本新的小人书，不要急于给孩子讲，先让他自己看着图片、想想内容，让他自己说说看到了什么、喜欢什么，然后再加以引导。

### 5. 发展孩子绘画能力与音乐能力

绘画可以培养儿童的观察力、记忆力、思维能力、想象力和良好的审美观点。所以，要尽早地训练与发展儿童的绘画能力，从小就鼓励孩子画他感兴趣的东西。音乐不仅能激励孩子的情感，音乐能够发展儿童的听觉、节奏感、歌唱与欣赏音乐的能力。父母要给儿童多听音乐的机会。从出生后2个月开始，在宝宝睡醒后，可以给他听一些柔和、优美的音乐。父母还可以经常用好听的声音唱歌给宝宝听。在宝宝学习走路的时候，可在音乐的伴奏下操练。

## 六、影响早教的因素

影响宝宝早期教育效果的因素主要有以下几个。

### 1. 遗传因素

如果是宝宝的先天染色体及基因出现问题，或是因为宝宝出生的时候有缺氧的情形，这类先天性脑部的病变当然会影响宝宝日后的生长。

### 2. 本身成熟度

宝宝的成长是一个阶段接一个阶段的，如果是因为宝宝本身成熟度

还不够，父母就强迫他学习，将给宝宝带来压力和挫折，即使未来宝宝的成熟度到达时，也会对该能力失去信心及兴趣。所以，帮助宝宝学习时，要先考虑宝宝的成熟度，提供宝宝能力所及的小游戏，才能有效地协助宝宝发展这种能力。

**3. 环境刺激**

大脑的神经突触需要通过刺激来产生连结，环境中的刺激对宝宝来说是一个重要的影响因子。有时发展较慢的反而是那些好带的宝宝，或是活动量、反应阈较低的宝宝。这样的宝宝一般较稳定，但家长容易因此忽略宝宝的需求，给予较少的刺激，影响宝宝的发展。

**4. 学习**

学习是宝宝本身的成熟度和环境刺激作用下的结果，这两者相互搭配得好，就有助于宝宝发展；相反，如果没能有效搭配，可能会使宝宝惧怕学习。

## 七、拥抱和抚摸的益处

皮肤是人体接受外界刺激最主要的感觉器官，是神经系统的外在感受器。所以，早期抚触就是在婴儿脑发育的关键期给脑细胞和神经系统以适宜的刺激，抚触最好是从新生儿开始，这样做有助于促进婴儿的神经系统发育，从而促进其生长及智能发育。对宝宝进行轻柔的爱抚，不仅仅是皮肤间的接触，更是一种母婴之间爱的传递。

父母给予宝宝爱的抚触有以下好处。

（1）抚触可以刺激宝宝的淋巴系统，增强宝宝抵抗疾病的能力。

（2）抚触可以改善宝宝的消化系统功能，增进食欲。

（3）抚触可以抚平宝宝的不安情绪，减少哭闹。

（4）抚触可以加深宝宝的睡眠深度，延长睡眠时间。

（5）抚触能促进母婴间的交流，令宝宝充分感受到妈妈的爱护和关怀。

与经常受到体罚的孩子相反，婴儿得到更多的拥抱和抚摸，长大后就会遇事不惊、沉着冷静，并善于调节自己。其中奥秘为：拥抱和抚摸会使孩子大脑中激素水平明显不同，其结果是体内"压力激素"水平较低。加拿大的一项研究表明，母性行为或亲子行为，控制着大脑特定区域的特定基因的活动情况，它会影响到实验动物或人对压力的反应。

在人类中，高水平的压力激素，会诱发心脏病、糖尿病、精神病等。这些激素水平越高，与压力有关的疾病就越容易发作。如果经常对孩子说："我爱你"、"真高兴，你是我的宝贝"等，以及经常拥抱、抚摸和亲吻孩子，会慢慢地给孩子以自信。孩子们长大后注定要在充满压力的环境中生存，而自幼就得到亲子行为温暖的人更能对付社会环境的压力，并避免那些与压力有关的疾病。

## 八、如何对待宝宝哭闹

啼哭是新生儿的一种生理现象，它能使呼吸加深，肺活量增加，全身血液循环加快，从而促进新陈代谢，所以适当的啼哭对婴儿的生长发育是非常有利。如果是由于饥饿、大小便、冷热生理需要引起的哭声，只要去除不适的原因就会停止。由于疾病而引起的哭声往往嘶哑、无力或尖声，并有面色苍白、神情惊恐等反常现象。家长需要仔细的辨别。

在宝宝3个月以后，哭就不仅仅表示生理上的需要，还有更重要的是心理需要未满足的啼哭。有的是因为大人的离开，有的是因为愿望没有得到满足，有的代表要唤起大人的注意，需要大人陪着玩。如果婴儿经常出现夜间啼哭，烦躁易惊和多汗，要注意是否为维生素D缺乏性佝偻病，应在医生确诊后补充维生素D制剂。

宝宝渐渐长大开始懂事后，不要宝宝一哭就抱起来。虽然不少儿童心理专家认为，给宝宝足够的拥抱、安抚，对他未来建立安全感、信任感，以及稳定的情绪有正面帮助。不过，父母照顾宝宝也不需要时时刻刻无微不至、过度紧张，偶尔让宝宝小哭一会儿（如5~10分钟）反而是好的。这样可以让宝宝有机会学习自我安抚情绪，像吸吮自己的手指或者抚摸小毛巾、小玩具，帮助他们从焦躁的情绪中平静下来。

## 九、新生儿的教养

新生儿的教养十分重要，不要以为他们只是吃喝拉尿睡，早期教养是日后身心正常发育的重要基础。培养新生儿教养的做法如下。

（1）成人利用一切机会与新生儿说话，内容与生活内容相结合。比如"吃奶吧"、"渴了吗"、"宝宝真漂亮"、"妈妈来了"等。

（2）经常抚触新生儿前额和全身皮肤，经常搂抱宝宝，喂奶或换尿布的时候要感情充沛地望着宝宝，不停地说啊说，以满足宝宝心理需求，加深母子间的相互信赖和感情。

（3）促进新生儿视觉的发育。经常用有颜色的气球移动位置给宝宝看，不仅可以促进宝宝视力，还可以促进宝宝大脑发育。

（4）锻炼新生儿听觉。可以用铃铛在头部的前后左右各方向轻轻摇动，使宝宝追随铃声活动头部，也可选优美的乐曲给新生儿听。宝宝哭闹的时候，可将他抱在怀中紧贴母亲心脏部位，当他听到熟悉的母亲心跳声时，会立刻安静下来。

## 十、婴儿的听力训练

首先要给宝宝一个有声的环境，家人的正常活动会产生各种声音，比如走路声、关开门声、水声、刷洗声、扫地声、说话声等等，室外也能传来许多声音：车声、人声嘈杂得很。这些声音会给宝宝听觉的刺激，促进听觉的发育。

除自然存在的声音外，还可以人为地给宝宝创造一个有声的世界。例如给宝宝买些有声响的玩具——拨浪鼓、八音盒、会叫的鸭子等等。另外，可以让宝宝听音乐，有节奏的、优美的乐曲能给宝宝安全感，他们会听得很高兴。当然，放音乐的时间要有节制，不能一早放到晚，也不能选择过于吵闹的爵士乐等等。最好能和宝宝说话，虽然这时他还不能应答，但是家人，特别是母亲的亲热的话语，会使宝宝感受到初步的感情交流。当母亲面对宝宝亲切地说着、笑着，和宝宝交谈时，宝宝会紧盯着母亲的脸，似乎已懂得母亲散发出的身体语言。

## 十一、训练爬行能力

宝宝的爬行敏感期一般是在6~9个月。在这段时期，家长要少抱，多让宝宝爬着玩。宝宝学习爬，需要从训练宝宝的臂力和腿力开始，可以让宝宝趴在斜坡上比如靠垫，用玩具去吸引他伸手够，也可以吹泡泡吸引宝宝去够；让宝宝做一些弹跳运动锻炼腿力。有条件的也可以用一块大海绵垫子弄成斜坡让宝宝练习爬行。

在宝宝有意识爬行后，可以一人抵着宝宝的脚，一人在前面拉胳膊，教宝宝爬。家长不需要用力，只需要抵住就行，聪明的宝宝自己会借力的。当宝宝会匍匐前进后，可以用一条大毛巾包住宝宝的肚子帮他离开地面，让他知道正确的爬姿，多练习。

母亲一定要参与引导和训练。要选择宝宝开心和兴奋的时候，抓住时机训练他爬，而不要在宝宝刚喝完奶后让他爬，这样会压迫胃；也不要在宝宝有情绪或者犯困的时候逼宝宝爬，这样会让宝宝对爬行产生逆反情绪。

母亲不要怕宝宝辛苦。天气好的时候，可以带宝宝在户外练习爬行。户外会比室内的刺激，会让宝宝比较兴奋。比如地面上的落叶、小纸片、小瓶盖等就能吸引宝宝。当然需要在爬完回家后做好清洁卫生。如果能给宝宝戴上合适的护膝，以免可能的皮肤损伤就更好了。

母亲一定要有耐心和恒心，做到不放弃、不抛弃，不能把自己急躁的情绪带给宝宝，永远用笑脸去鼓励宝宝，哪怕有一点点进步，也要及时表扬。

## 十二、宝宝学习行走

多数宝宝在 9~12 个月时会迈出人生的第一步。在宝宝 10 个月左右时，可以在生活区安置小栏杆，让他学习扶站，大人在不同的位置用有趣的玩具逗引他，鼓励他扶着栏杆迈步。大人还可以坐在沙发上，手拿玩具逗引站在沙发一端的宝宝，鼓励他扶着沙发走过来拿玩具。也可让宝宝推着椅子或小推车练习迈步行走。例如可以为宝宝准备一根小木棒来练习走路，方法是在平坦的地面上，大人双手分别握住宝宝的手，或者大人的双手分开拿着小木棒，让宝宝的双手抓住木棒的中部位，大人一步步后退着，让宝宝练习迈步行走。大人可以边退边说："宝宝，走走。"或者也可以拉着宝宝的两只手向自己这边走。宝宝可能也喜欢在走路时扶着小推车或扶着可以走的玩具。家长要选择坚固可靠、支撑底座比较宽的学步玩具。不过，有专家反对给宝宝使用学步车，因为宝宝在学步车里能非常容易四处走动，这可能会影响他大腿肌肉的正常发育。而且借助学步车，宝宝还可以够到平时够不着的有毒物品或发烫的东西，非常不安全。

宝宝能够稳定迈步了，手也能够灵活的抓取东西了，为了使他的全身更加灵活协调起来，可训练宝宝踢球。开始是扶着宝宝练习抬脚踢，球最好是比较软的。大人可先做示范，一边做一边说："踢，踢"。使宝宝看到是你的动作使球滚动起来，这时他就会好奇的去模仿，多次练习可使宝宝达到主动、准确，逐渐做到不用他人扶着，可独自抬脚踢球。会走以后，还可和大人一起玩小滚筒；再大一些，大人可借抛扔球逗引孩子追逐和拾扔小球，也可让宝宝跟在上了发条的玩具后面跑。为保护宝宝对这类游戏的兴趣，要注意时常变换玩具，防止过度劳累，注意适当保护，避免宝宝摔伤和磕碰。

## 十三、用杯子喝水

6~7个月的宝宝，能坐得稳当，能够自己用双手握紧奶瓶的时候，就可以给宝宝提供练习用杯子喝水的机会了。

用杯子喝水是宝宝成长过程中必要的生活常规训练之一，如果宝宝继续把奶瓶当作主要的进食工具，他的口腔就难以保证健康。错过了关键期，随着宝宝渐渐长大，他会越来越依赖奶瓶。

购买两边带有握把的学习杯，让宝宝练习使用双手。一开始宝宝还无法很好地控制力量，母亲协助宝宝握紧杯子，慢慢将杯子里的水倒入宝宝口内。当宝宝练习成功之后，记得要及时鼓励宝宝，并逐渐增加杯子内的盛水量。即便宝宝做得不够好，也不要责怪他，以免影响其学习用杯子喝水的积极性。

训练使用杯子，不仅可以加强宝宝肢体动作的协调性，还能培养宝宝的自信心，也是帮助宝宝走向独立的开始。

## 十四、良好的睡眠习惯

家长需根据宝宝不同的发育阶段安排睡眠的时间和次数。从宝宝出生起就开始着意帮助宝宝建立起生物钟，逐渐区分白天与黑夜。宝宝睡前要吃饱，换好尿布，略抬高头部。对新生儿的夜间喂奶要逐渐形成定时定量的习惯。在这方面，欧美的部分育儿专家认为"儿童夜里是不需要吃饭的"。我们可能不太同意他们的看法，但可以作为参考。对于10~12个月的宝宝最好尽早断了夜奶。宝宝的睡眠非常重要的，睡眠也是为了让宝宝的大脑更好地休息，有利于大脑的发育，而且80%的生长激素是在夜间深睡眠时分泌的。

为使宝宝入睡，要使环境安静或轻声哼唱催眠曲，千万不要采取养成颠颤摇晃的形式，这对宝宝形成良好的睡眠习惯不利。要及早让宝宝独自睡眠。在宝宝低月龄时没有给他养成独自睡小床的习惯，长大后要改变过来就会有些麻烦。宝宝睡觉的时候寻求安全是一种本能。让宝宝按时睡觉，形成动力定型，宝宝到了这个时间就会很容易自动入睡。要创造一个良好的睡眠环境，房内光线不要太强，环境要保持安静，室温要适宜。宝宝尽量少穿衣服，被子不要压得太重，室内要定时开窗换气。坚持把宝宝放在自己的小床上，让宝宝知道有你在他身边就可以了。哭几分钟对宝宝并无损害，不久他就会睡着。刚开始时可以多在床边陪伴他，在宝宝迷糊入睡时退出。如果宝宝夜间醒来，给他喝点水，让他知道你在他身边，但不要抱起宝宝。起先宝宝会不适应，家长不要因此而心软，否则，长此以往这样的习惯就很难改过来了。

## 十五、自主大小便的能力

1岁以下的宝宝肯定不能理解或控制自己的排便，18个月后的宝宝才开始对排便有意识。有些宝宝可能在20个月时就能在白天控制大小便，但多数宝宝是在2~3岁之间学会控制大小便的。过早的训练，只能使你和宝宝都受罪。究竟什么时候开始训练宝宝使用便盆要视情而定。

宝宝在意识到是自己把身体弄湿了以后的1个月后，开始能够意识到他们"将会"要撒尿了，然后才会逐渐愿意控制括约肌。家长可以在此之后逐步训练宝宝使用便盆大小便。

下面是一些能够使排便训练更加容易进行的基本知识和方法。在真正开始训练孩子学习用便盆大小便之前，要对孩子讲清道理并对他进行技能训练。

### 1. 有关身体的知识

告诉宝宝：身体都有哪些部位以及它们各自的功能，包括人体的排泄部位，一定要让宝宝明白大小便是从哪里排出来的。用把宝宝身体的各部位一一指给他看，并告诉他怎样称呼这些部位，让宝宝了解自己的身体。可以让他们看家长是怎样大小便的，当然，最好让同性的父母为他们示范。不必顾虑这样做会使宝宝精神受到刺激，你可以做得很自然，宝宝对此不会有什么想法。

### 2. 排泄用语

宝宝需要学会用语言或手势告诉父母他们要大小便。说话晚的宝宝显然更多的是用手势。宝宝怎样表达都可以："上厕所"、"大便"、"小便"、"解手"、"拉屎"、"尿尿"，使用哪个词都可以，只要大家能明白宝宝的意思就行。

**3. 训练宝宝的排便意识**

你的宝宝知道他什么时候想要排便吗？他能知道自己是拉裤子还是尿裤子了吗？这些是保证训练成功的重要技能。许多宝宝不到 1 岁时就能够发出他就要排便的信号。当他们长大一些时，这些外部信号往往都消失了，但他们的父母可能可以意识到宝宝在做什么，特别是当他们总是走到屋角排便时。父母可以利用这些早期的表现帮助宝宝理解或讲出他们大小便的感觉。

**4. 坚持训练**

家长在开始训练宝宝如厕习惯的时候，应该让宝宝进卫生间大小便，而不要将便盆随意放在客厅、卧室的某一地方。坐盆的时候不吃东西，不玩玩具。家长可以扶着发出"嗯—嗯"声，让宝宝身体放松，以促进排便。

## 十六、陪宝宝玩耍

宝宝在入学前几年间所学的东西，比一生中任何时候都要多，学得也快，而且绝大部分知识是在玩耍中学到的。

玩耍的种类和方式，可根据宝宝的年龄选择或交替进行，推荐如下几种。

**1. 感官刺激型**

比如看颜色形态、听声音、尝味道等使宝宝得到感官方面的锻炼，进而刺激大脑的发育。

**2. 运动型**

跳、蹦、追逐、打闹是对肌肉、骨骼、手眼以及四肢协调最好的运动，可促进宝宝包括大脑在内的全面发育。

**3. 语言表达型**

比如朗读、唱歌、绕口令等既是声音的锻炼，又是语言的练习。

**4. 竞赛型**

比如引导宝宝进行赛跑、捉迷藏等，对孩子的体格、智能与心理发育都很有意义。

**5. 智力型**

比如讲故事、猜谜语、玩智能玩具等，这对智力发育的促进有着不

可替代的作用。

注意要教给宝宝玩耍的规则，培养宝宝自理能力，养成其良好玩耍的习惯。要有合理的时间安排，不能因玩耍而影响吃饭、睡眠等正常活动，确保宝宝身心全面发展。

## 十七、给宝宝选择玩具

根据宝宝发育状况针对性选择玩具。

考虑这个玩具是否有多种的、组合的玩法，是否能适用较长一段时期。

在正规的商场或者专门的婴儿品牌玩具去买玩具，相对来说比在早市或者一些小商品批发市场买到的要有保障。

特别注意玩具的安全性。要看玩具是什么材质做成的。另外，可以闻闻玩具的味道，摸摸质地，都可以帮助你选择。

不要把所有的玩具都呈现在孩子的面前。

不要有攀比心理。

## 十八、情绪控制能力

几乎所有的宝宝在 1～3 岁时都会闹脾气。宝宝一般从 1 岁左右开始发脾气，在 2～3 岁时达到高峰。这时宝宝会有一个反抗期。这个时候，家长不能忽视，但也不必大惊小怪。

宝宝 1～2 岁的时候，父母有时不是很清楚该如何为宝宝立界线。一方面宝宝在这个年纪特别可爱，宝宝的违抗行为一般很难惹怒父母，也不会造成很大的破坏性，以及不会让父母失去面子。但是恰恰是这个年龄阶段是非常重要和关键的时刻。宝宝发脾气的时候，家长不能温顺地让宝宝随心所欲。如果父母轻松自然地从宝宝身边走开，像平时一样地去忙自己的事情，根本看不出厌烦情绪，宝宝会很快平静下来。给宝宝一个机会，让他体面地收场。

宝宝骂人的时候，最好的办法不是训斥，那样只会适得其反。有两个办法：一是冷处理，谁也别理他，直到他不骂人为止；二是迅速转移他的注意力，把他的兴奋点分散。训斥会让宝宝加深记忆，使他认为这是吸引大家注意的有效办法。教育宝宝的时候，不能用反面教材，而是要用正面的例子。正面的教材直截了当的说，比如应该说：什么样的行为是好行为，宝宝乖，要学习好行为；而不能说：什么样的行为是坏行为，宝宝乖，不能学坏行为。

## 十九、不要体罚幼儿

对待下一代的教育培养，我们有古语讲"不打不成器"、"棍棒底下出孝子"。家长在体罚宝宝的时候，总认为自己是在纠正宝宝与社会不相容的错误行为，希望能将他们重新引到正道上来。但是，儿童行为心理学的研究并不支持这一传统看法。

研究发现，1~3岁时经常遭受体罚的宝宝，容易变得虚伪、冷酷、多事、擅长说谎、有暴力倾向；这些行为会在体罚后几个星期或几个月内开始产生。体罚造成宝宝的逆反行为，会在2年以后在某些方面表现出来。通常有下列几种情况：宝宝会偶尔或经常偷盗或撒谎；对他人态度粗暴或缺乏同情心；做了错事后缺乏自信心；经常有破坏性或暴力性行为，不服从学校的规定；与教师不能相处融洽等。

所以，家长所期待的通过体罚促使宝宝行为改正的想法或做法，在短期内也许有效果，但长期来看，往往会是相反的效果，是一种自食苦果的行为。

## 二十、幼儿的性教育

有些幼儿早期的男性宝宝会习惯性地摩擦外生殖器，这种表现在医学上被称为"习惯性阴部摩擦"。遇见这种情况，家长不要大惊小怪，言语讥笑或责骂惩罚宝宝。家长可以尽量把宝宝的注意力转移到其他活动上去，分散宝宝对固有习惯的注意力。有些时候是因为宝宝穿得太多、太热，应该给宝宝穿较宽松的内衣，避免内衣摩擦宝宝的外生殖器，同时保持外生殖器的清洁卫生。如果有蛲虫、包茎或会阴部湿疹等，宝宝会因局部瘙痒而经常摩擦外生殖器，这就需要家长带宝宝到医院检查并积极治疗。只要发现原因、耐心诱导并适当地进行教育，大部分宝宝会随着年龄的增长改正过来。

幼儿在2岁左右开始意识到性别的差异，开始用自己的身体和他人的身体进行比较。大多数宝宝在20~30个月，平均24个月时可以认识到自己的外生殖器。此后，他们会开始希望拥有与自己生殖器相同的洋娃娃。

发展心理学的研究表明，宝宝首先是能够对他们的生殖器形成认识，而不是通过发现男女生殖器的差异而形成认识的。2～3岁的宝宝已经开始喜欢和自己同性别的孩子玩，这可以强化他（她）们的自我感。孩子们这个时期的游戏中往往会模仿他们同性别的父母。

## 二十一、培养阅读习惯

处在婴幼儿阶段的宝宝从读书中获得的不仅是知识，更重要的是对读书的兴趣。婴幼儿主要是从感观上了解事物，所以一定要为他们选择美观、印装精良的图书，画面要大，色彩要艳丽，形象生动逼真，活泼可爱，装帧结实牢固。

短小的童话、简单上口的儿歌有利于丰富儿童的词汇。以动物形象为主的童话更容易吸引婴幼儿的兴趣。

培养宝宝良好阅读能力的惟一重要途径就是为儿童朗读，而且要从宝宝一出生起就这样做。这个阶段的目的自然不是让宝宝听懂所读的内容，而是让宝宝熟悉父母声音，习惯看到书、抚摩书。产生对书的兴趣，形成阅读的自然习惯。

在宝宝6个月～1岁的时候，给宝宝读简单的图画书，教宝宝认识画面中的物体和名称。

1～2岁的宝宝语言能力有所增长，宝宝在这个阶段的词汇量应从2～3个扩大到250个左右。这一时期，父母每天和宝宝一起阅读的时间最好在15分钟以上。父母在朗读的时候用手指指着所念的文字，让宝宝理解，每个文字都代表着一定的意义。除了扩大词汇量，发展宝宝的情感，比如善良、注意他人的感受等也都是非常重要的。

2～3岁的宝宝词汇量应该从250个增长到1000个左右，并能说简单的语句。在为宝宝朗读的过程中，可以不时停下，鼓励宝宝猜猜下面的情节，或者针对故事情节提问，让宝宝回答。还可以利用画面教宝宝识别颜色，学习计数，认识简单的文字。例如，面对熟悉的画面，家长问："小熊的衣服是什么颜色的"、"树上有几只苹果"等，都会引起宝宝浓厚的兴趣。专家提示父母，为宝宝朗读是一种艺术。平淡的声音和表情不容易保持婴幼儿的注意力；相反，朗读者声情并茂，该加重语气的时候加重语气，则容易牢牢地吸引宝宝的注意力，培养他们对读书的兴趣。

## 二十二、帮助宝宝上幼儿园

2 岁半~3 岁的幼儿到了该上幼儿园的时间。宝宝不肯上幼儿园，大多是出于与家人分离的焦虑及对新环境的恐惧。家长要做的就是想方法降低宝宝分离时的焦虑。

首先认可幼儿的哭闹行为是正常的。在宝宝入园前做些铺垫，比如带宝宝熟悉环境、观看幼儿园小朋友们的活动。让宝宝先认识一些一起入园的同伴，事先交往，让幼儿在与同伴双向、平等的交往过程中获得同伴的肯定和接纳，宝宝体会到了分享和合作的欢乐，会更乐意去幼儿园。

另外，家人要保持一致口径，向宝宝描述幼儿园的好处。与老师多沟通，将宝宝的特点告诉老师。在宝宝出现不肯上学的时候，一定要温柔地坚持。

有的幼儿从小就怕见生人，与生人交往时就会不安。有时梦里也会无缘无故地抽搐、呜咽或哭泣。家长需要在早期就帮助宝宝接待生人。通常孩子在母亲的怀里，会更有安全感，认识生人的过程会比较平静愉快。可以抱着宝宝，先把宝宝介绍给陌生人，同时向孩子解释说对方是父母的好朋友，使得宝宝能自然地、亲切地面对陌生人与事，减少不可抑制的恐慌。久而久之，宝宝接纳陌生人的能力就有了提高，也为宝宝走进幼儿园打下好的基础。

## 二十三、宝宝的行为情绪沟通

与宝宝是否乐意去上幼儿园相关的另一个问题宝宝的行为类型。

2~3 岁的宝宝已经开始认识到自我以外的世界，要与其他人交往与相处。在学习相处的过程中，宝宝会体会到开心、挫折、愤怒、恐惧等感觉。在不同刺激下，宝宝很容易感到不安。当宝宝表达自己的想法却受到大人或同伴的责备时，他们会感到害怕或退缩，出现退缩性行为。宝宝如果有退缩行为，会影响他们接纳别人的态度，不愿意与人交往沟通。而如果失败与挫折没有得到适当的鼓励与安慰，或者因为年幼沟通能力不足，也可能在同伴中出现攻击性行为。

所以，在宝宝与同伴的交往过程中，家长与周围成年人的适时鼓励或制止非常重要。这会对宝宝性格的养成及进入幼儿园后的交往与学习产生较大影响。

# 参 考 文 献

［1］胡亚美，江载芳，诸福棠．实用儿科学．第 7 版．北京：人民卫生出版社，2002.

［2］樊寻梅．儿科学．北京：北京大学医学出版社，2003.

［3］崔焱．儿科护理学．第三版．北京：人民卫生出版社，2002.

［4］朱念琼．儿科护理学．北京：人民卫生出版社，2000.

［5］洪黛玲．儿科护理学．北京：北京医科大学出版社，2001.

［6］吴坤．营养与食品卫生学．第五版．北京：人民卫生出版社，2006.

［7］郑修霞．妇产科护理学．北京：北京大学出版社，2000.

［8］雷家英，李亚农．实用儿科护理学．北京：中国协和医科大学出版社，2005.

［9］宫道华，吴升华．小儿感染病学．北京：人民卫生出版社，2002.

［10］张国成，范玲．儿科护理学．北京：人民卫生出版社，2003.

［11］黄力毅，于海红．儿科护理学．北京：人民卫生出版社，2004.

［12］王卫平．儿科学．北京：人民卫生出版社，2003.

［13］冯德全．婴幼儿早教方案．北京：中国妇女出版社，2007.

［14］〔美〕贝克．发展心理学．婴儿·孩童·青春期．北京：北京大学出版社，2004.

［15］范玲．儿科护理学．第二版．北京：人民卫生出版社，2005.

［16］戴敏．婴幼儿早期教育全书．上海：上海科学普及出版社，2001.

［17］庞建萍，柳倩．学前儿童健康教育．上海：华东师范大学出版社，2008.

［18］周怡宏．儿童健康胜经．台湾：大好书屋，2010.